DevOps
y el camino de baldosas amarillas

José Juan Mora Pérez

DevOps
y el camino de baldosas amarillas

© 2015 José Juan Mora Pérez, texto e ilustraciones

A lo largo del libro se han utilizado varios nombres que corresponden a marcas registradas por organizaciones o personas, por claridad en el texto se ha eliminado el símbolo ®, aunque el autor reconoce que son marcas registradas y usadas por su propietarios, así como la intención de no infringirlas.

Para la elaboración del contenido de este libro, el autor ha tomado especial cuidado para asegurar la veracidad y corrección de todo el material expuesto. El autor no asume ninguna responsabilidad sobre los daños o perjuicios que el uso o mal uso de la información contenida en este libro pueda ocasionar.

ISBN-10 : 1512191973
ISBN-13 : 978-1512191974

Diseño de la cubierta: © **arsbinaria.com**

Fotografía de la cubierta: © **Mikhailsh** | Dreamstime.com | ID 36703323

Este libro está publicado bajo licencia Creative Commons

Reconocimiento - NoComercial – CompartirIgual

En cualquier explotación de la obra autorizada por la licencia hará falta reconocer la autoría. La explotación de la obra queda limitada a usos no comerciales. La explotación autorizada incluye la creación de obras derivadas siempre que mantengan la misma licencia al ser divulgadas.

*Dedicado al esfuerzo de mis amigos y científicos,
Ángel Sánchez y Oliver Renner,
porque su trabajo hace
que el mundo sea un poco mejor.*

Índice de contenido

Introducción 11
Agradecimientos 14
Prólogo 16

Capítulo 1 – El entorno IT actual 21

Los Sistemas de Información 23
Somos ingenieros y también personas 26
¿Qué se espera de nosotros? 30
La nube 34
Piensa en el producto 38
Tu organización está cambiando 42
La tecnología siempre está cambiando 46
Cuidado con los problemas 49
Lo mejor de la tecnología son las personas 53
Lo peor de la tecnología son las personas 56
La información debe fluir 59
¿Pensamos como un solo equipo? 63
Desarrollo ágil vs Operación tradicional 67
Estancamiento y obsolescencia 71
La disponibilidad no se negocia 75

Capítulo 2 - Tendencias 77

Infraestructura como código 79
XaaS 83
Microservicios 87

Agile 91
Continuos deployment 94
BigData 97

Capítulo 3 – Cultura DevOps 99

¿DevOps? 101
DevOps no va de reglas 105
Acaba con el muro 108
¿Qué persigue DevOps? 111
Las tres vías 115
Mira el sistema como un todo 119
Incrementa los flujos de feedback 123
Experimenta y aprende continuamente 127
DevOps está orientado al negocio 131
Se busca DevOps 134
Deja de mirar tu ombligo IT 139
No te vas a convertir en un Jedi 143
Paz, amor y DevOps 146

Capítulo 4 – Herramientas DevOps 149

Tus herramientas DevOps 151
Automatizar, automatizar y automatizar 154
Los excesos se pagan 159
Gestión de las configuraciones 162
Despliegue automático 167
Gestión de logs 172
Gestión del rendimiento 176
Gestión de la Capacidad 181

Escuchar, hablar y compartir 185

Capítulo 5 – Las organizaciones 187

¿Qué es una organización? 189
Time-To-Market 194
ROI 198
Ambiente laboral 202
Las reuniones 206
Resistencia al cambio 211

Capítulo 6 – DevOps en tu organización. .213

DevOps es cultura para corporaciones 215
Compartir siempre ha sido la mejor opción 219
Canales de feedback 224
Elasticidad 229
Cuida la comunicación 232
Coge un paraguas, porque vienen nubes 236
Practica la transparencia 240
No cambies tu estructura 245
Comparte responsabilidades 248
No montes un equipo DevOps 251
Practica la fontanería de silos 253
¿Quién odia DevOps? 257
Innovación 261
Resiliencia 265

Capítulo 7 - Conclusiones 269

La cultura DevOps la creas tú 271

Las cosas buenas de DevOps..................................275
Las cosas malas de DevOps..................................279
Falacias y Errores..283
Dorothy, golpea tres veces tus zapatos.......................288

Introducción

Este libro nace por esas casualidades de la vida, que muchas veces no podemos explicar. En este caso coincidieron tres circunstancias, las ganas que tenía por escribir sobre DevOps, que estaba releyendo a mis hijos *El maravilloso Mago de Oz* de L. Frank Baum y que ojeando en una librería encontré el libro *Remoto: No se requiere oficina* de Jason Fried y David Heinemeier Hansson, autores de *Reinicia,* uno de los libros que recomiendo leer.

El formato de *Remoto: No se requiere oficina* es el mismo que el utilizado en *Reinicia*, una serie de conceptos e ideas desarrollados en un esquema muy sencillo, una ilustración y el desarrollo de la idea en una o dos páginas, lo que hace el libro tremendamente sencillo de leer. Como digo, ojeando el libro Remoto pensé, que me gustaría escribir sobre DevOps utilizando este formato sencillo de leer y en el que poder contar mi idea sobre la cultura DevOps, sin intentar sentar cátedra sobre DevOps, sencillamente desarrollando mi propio punto de vista. El resto han sido unos cuantos meses de trabajo, escribiendo y dibujando las ilustraciones.

Ha sido divertido poder escribir sobre lo que pienso de la cultura DevOps, además el reto estaba en poder realizar las ilustraciones, ya que no soy ilustrador profesional, ni tan siquiera me considero aficionado. Pero este proyecto ha despertado una nueva inquietud, la de dibujar, que hasta este momento no me llamaba excesivamente la atención, siempre me he considerado algo torpe dibujando. Pero con ganas y mucho esfuerzo he conseguido ilustrar mi propio libro.

El libro está organizado en 7 capítulos, en cada uno de estos capítulos he incluido unas cuentas ideas y reflexiones sobre la cultura DevOps. En ningún momento he intentado sentar las bases de DevOps, por la sencilla razón de que se trata de un movimiento cultura y la libre interpretación de DevOps es una de sus bases. Lo que he intentado en el libro, es transmitir mi visión sobre los principios en los que se sostiene DevOps y cómo este movimiento puede ayudarnos a las áreas de IT y por extensión a nuestra compañía. Pero una advertencia, este libro contiene mis propias reflexiones, por lo que espero que en algunas estés de acuerdo y en otras no, porque de eso va el libro, no es un manual para aprender DevOps, sino mi idea de qué es DevOps, solo espero despertarte la curiosidad suficiente para que te animes a descubrir y participar de la cultura DevOps.

No pretendo que el libro acabe aquí, sino que me gustaría que fuese el inicio para poder compartir con más gente, ideas y opiniones sobre la cultura DevOps, por lo que te pido que cualquier duda, opinión o comentario que quieras hacerme sobre DevOps, el libro o la foto de la portada, me lo comentes con total libertad, con un email o un DM en twitter:

jjmoraunix@gmail.com
@jjmoraunix

Termino comentando algo sobre la nomenclatura del libro. He utilizado el término *ingeniero* para referirme a las personas que trabajan en un departamento de IT. No he querido entrar en distinguir entre los distintos puestos o cargos que podemos encontrar dentro de un departamento de IT, por no confundir al lector que no sea técnico. Supongo que habrá personas que pensarán que es un error utilizar el término *ingeniero*, ya que no todos los perfiles en IT lo son, pero como digo he querido simplificar la nomenclatura y utilizar la palabra que mejor define a la gente que trabajamos en IT, independientemente de que seas administrador de sistemas, de red, de base de datos, desarrollador de backend o frontend, operador, QA Tester, Jefe de Proyectos, IT Manager, Soporte, etc. Al fin y al cabo, todos trabajamos con tecnología para intentar resolver problemas y para el resto de la compañía, todos somos ingenieros.

Agradecimientos

Este libro no podría haber visto la luz, sin el esfuerzo y tiempo de mucha gente, que de una forma u otra, han aportado su granito de arena al proyecto, directa o indirectamente.

La lista tiene que comenzar, como no puede ser de otra forma por María Lobo, que ha aguantado estoicamente mis pesadas charlas sobre el libro, la lectura de los borradores y me ha ofrecido su más sincera opinión.

También quiero tener una mención para mi gran amigo Guillermo Amodeo, que se ofreció sin ningún tipo de condiciones a escribir el prólogo de este libro.

A Enrique García por otra portada fantástica.

A ese puñado de compañeros, pero sobre todo amigos que han participado en la revisión: Antonio Díaz, Rubén Redondo, Luis Expósito, Ivan Fernández, Juanma Muñoz, Antonio Morales, Rafa Romero, Roberto Navarro, Alberto Martinez, José Vázquez y Pedro Román Vela. Que cedieron parte de su tiempo para leer el borrador, aportar mejoras, comentarios y erratas.

Quiero dar las gracias a Ángel Miguel Sánchez Benítez y Oliver Renner, por las charlas que hemos tenido hablando de distintas partes del libro y sobre todo, de todo aquello que no tenía que ver con este libro.

A Ángel González de la Fuente, por sus consejos e ideas sobre la escritura, fundamentales para seguir aprendiendo a escribir.

Gracias a todos, por haber tenido siempre un comentario y sobre todo una actitud positiva ante una idea tan descabellada, como es la de escribir un libro. Todos juntos habéis sido mi *Sancho Panza*, acompañándome en esta quijotesca aventura. Que si *El quijote* no se entiende sin *Sancho*, este libro no se entiende sin vosotros. Por vuestros consejos, vuestras sabias aportaciones y vuestra visión de la realidad, que me ha permitido ver los molinos, dónde yo solo veía gigantes.

Agradeceros las conversaciones del café, el intercambio de correo, las horas al teléfono, los borradores, soportando mis peroratas sobre las bondades de DevOps, al igual que el pobre Sancho soportó las trasnochadas historias sobre caballeros y malvados magos, doncellas y aventura de caballería, que el pobre *Alonso Quijano* le fue relatando a lo largo de su viaje.

-¿Qué gigantes?-dijo Sancho Panza.

-Aquellos que allí ves-respondió su amo-, de los brazos largos, que los suelen tener algunos de casi dos leguas.

-Mire vuestra merced-respondió Sancho-, que aquellos que allí se parecen no son gigantes, sino molinos de viento, y lo que en ellos parecen brazos son las aspas, que volteadas del viento hacen andar la piedra del molino.

Prólogo

Yo tenía un concepto muy diferente de lo que era DevOps hasta que vi la charla que JJ -Mora para los amigos- dio en la Universidad Pablo de Olavide de Sevilla como parte del Segundo Encuentro de Ingenieros en la UPO.

Durante la reproducción de esa charla –la cual no pude ver en directo- escuché divertido como uno de los participantes le espetaba con tono burlón: "Perdona, pero eso que estas explicando no existe", haciendo alusión a la descripción de JJ sobre cómo debe funcionar la relación que el grupo de sistemas ha de tener con el grupo de desarrollo.

Lo más gracioso de todo es que el autor de semejante afirmación era nada menos que el responsable de los sistemas de 2 hospitales y compañero de carrera de JJ, quien -muy sonriente- comenzó su réplica con un divertidísimo: "Este hombre se supone que es mi amigo", para después de las risas de la audiencia aclararle a su "amigo" -y a todos los presentes- su visión de esa relación, la cual es de vital importancia para una buena implementación de DevOps.

Pero bueno, esa relación y en qué consiste DevOps ya os lo contará JJ en el interior del libro, yo solamente quería apuntaros que lo que vais a leer os va a dar no solo una visión de que es

DevOps, sino también como aplicarla a lo que JJ define como 'Negocio', que es básicamente el uso que se le da a los sistemas informáticos que se desarrollan y operan con esta filosofía.

También quería deciros que es una suerte que alguien como JJ sacrifique largas horas de su vida personal para explicarnos una de las filosofías informáticas menos claras de las que existen hoy día, pero quizá la más útil desde el punto de vista de empresarial y académico. Y digo que es una suerte no solo porque JJ sabe mucho de esto, sino porque que lleva mucho tiempo aplicando este conocimiento en las empresas por las que ha pasado, con lo que el libro tiene además de un alto énfasis en el 'Negocio' un alto valor formativo producto de la experiencia.

Por último me gustaría contar lo que cuenta todo el mundo al principio del prólogo: He seguido la carrera de JJ desde mediados de los noventa, cuando él asistía a la Universidad en Huelva junto a su "amigo" –que se llama Juan Manuel Muñoz– a los cuales conocí durante el tiempo que yo trabajé en Huelva escribiendo Sistemas de Formación, macros de Autocad y administrando los sistemas de una UTE que estaba construyendo la Ronda de Circunvalación Sureste de Huelva, varios años antes de mi ingreso en IBM United Kingdom en 1997. Por todo ello puedo afirmar que JJ Mora es quizá la persona mejor preparada que conozco en el tema DevOps y que le vas a sacar mucho partido a este libro de baldosas amarillas.

Ahora cierra los ojos y golpea 3 veces tus talones mientras repites: "No hay filosofía como DevOps" para ser transportado al interior de este libro.

Guillermo Amodeo Ojeda
Ingeniero Superior de Software
IBM United Kingdom

Vivía en medio de las grandes praderas de Kansas con su tío Henry, que era granjero, y su tía Em...

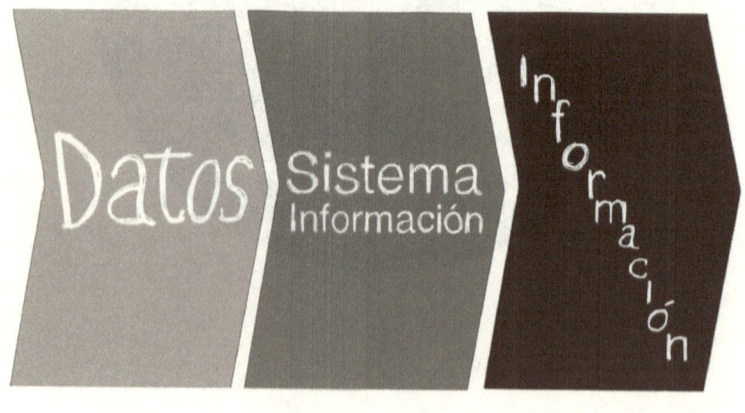

Los Sistemas de Información

Puede sonar a tópico, pero la realidad es que en la era de la información, el core de las compañías son los sistemas de información. Son los encargados de gestionar toda la información que maneja una organización y su función principal es transformar los datos que maneja la compañía en información útil.

La calidad de la información que maneja una compañía es un factor clave que puede ser la diferencia entre el éxito o el fracaso, porque ahora el producto no es el único elemento diferenciador entre las compañías, la información sobre factores tales como los mercados, las tendencias o la forma en la que construimos el producto, pueden marcar la diferencia entre productos de características similares.

Los sistemas de información no se limitan únicamente a las áreas de IT (*Information Technology*), toda la compañía participa de una manera u otra en el sistema de información. Pero normalmente es responsabilidad de IT construir, mantener y evolucionar los sistemas de información, garantizando que el sistema funciona según las necesidades del negocio. Como he comentado, los sistemas de información son el corazón de las compañías y como órgano vital que son, cualquier problema que se produzca en él, puede tener consecuencias desagradables sobre el

Capítulo 1 – El entorno IT actual

resto de la compañía.

Por tanto, desde las áreas de IT debemos recoger el reto que nuestras organizaciones nos lanzan, construir y mantener sistema de información que permitan a las compañías desarrollar productos más competitivos y que puedan aportar un valor diferenciador con respecto a la competencia.

> *Los sistemas de información han evolucionado para convertirse en el verdadero motor de las compañías, no solo facilitan el acceso a la información, también ayudan a entender el mercado.*

Capítulo 1 – El entorno IT actual

Somos ingenieros y también personas

> *"Su función principal es la de realizar diseños o desarrollar soluciones tecnológicas a necesidades sociales, industriales o económicas. Para ello el ingeniero debe identificar y comprender los obstáculos más importantes para poder realizar un buen diseño."*
>
> Wikipedia

En la mayoría de las organizaciones las áreas de IT, están formadas por grupos de ingenieros de distintas especialidades cuyo objetivo principal es mantener y evolucionar los sistemas de información de la compañía. Se nos suele etiquetar como gente rara, a la que le gustan los videojuegos, las últimas novedades tecnológicas, las películas y libros sobre ciencia ficción, podemos arreglar cualquier cosa conectada a un ordenador, etc. Y suele ser habitual que nos clasifiquen como gente que tiene un trato difícil.

Esta visión distorsionada sobre nosotros, los ingenieros que trabajamos en IT, nuestro trabajo y nuestras responsabilidades genera un distanciamiento entre las áreas de negocio y las áreas de IT, que en muchos casos suelen desembocar en un problema para las compañías, por la desalineación que se produce entre el negocio y la tecnología.

En muchas ocasiones, la frustración del usuario o cliente del sistema se dirige hacia las personas de las áreas de IT, lo que aumenta en mayor medida el distanciamiento Negocio-Tecnología. Porque si bien, es responsabilidad de las áreas de tecnología asumir que detrás de un problema, siempre hay una persona a la que está afectando, ya sea un cliente o un usuario. Es necesario que estas mismas personas, clientes y/o usuarios comprendan que además de ingenieros también somos personas y como tales reaccionamos ante situaciones que podemos considerar extrañas.

El siguiente ejemplo es una situación real que ocurrió en uno de los equipos de IT en los que he trabajado. Se trata de un intercambio de correos entre un usuario y los administradores de la plataforma de correo:

- Email de usuario: No puedo enviar ni recibir correo.
- Email de respuesta: ¿Cómo sabes que no puedes recibir correo?
- Email de usuario: Porque no me ha llegado un correo que me han dicho que me enviaban.

La carencia de conocimiento sobre la herramienta de correo que tiene el usuario, la intenta convertir en una incidencia del sistema de correo. En este caso, el usuario terminó con un "seguro que habéis tocado algo". Los problemas entre los usuarios/clientes y las áreas de IT nacen por varias razones, pero es la naturaleza de la tecnología con la que trabajamos en IT, la que en muchas ocasiones provoca situaciones complicadas.

Capítulo 1 – El entorno IT actual

Existen muchas causas que alimentan las brechas entre las personas que trabajan en áreas de IT y los usuarios/clientes de los sistemas de información. Además también aparecen problemas dentro de las propias áreas de IT, que suelen afectar al día a día del área. Por tanto, si no somos capaces de limar asperezas con las personas de otras áreas, si no intentamos empatizar con nuestros interlocutores, ya sean usuarios o ingenieros de IT, difícilmente conseguiremos que el sistema de información funcione de la manera más óptima.

> *La capacidad de comunicación y la empatía con el resto de personas, son elementos clave para hacer que el sistema de información funcione.*

Capítulo 1 – El entorno IT actual

¿Qué se espera de nosotros?

Las compañías esperan de nosotros, como ingenieros IT, que podamos convertirnos en actores claves para el proceso de transformación, que les permitirá pasar de un modelo tradicional, a un modelo más acorde a las necesidades actuales del mercado, con clientes más exigentes, una demanda oscilante y un mayor número de competidores.

Algunas de las demandas más habituales que las compañías lanzan a sus áreas de IT son:

La solución óptima. A los equipos de IT se nos pide que trabajemos para que en la medida de lo posible, la solución que planteamos sea la más óptima para resolver un problema en cuestión, es decir, la solución que mejor se ajuste a las necesidades de la organización.

Uso racional de los recursos. Dentro de una compañía todos los recursos tienen un coste, desde el lápiz que tenemos sobre la mesa, a los servidores de Bases de Datos, por tanto, es importante que cualquier solución que diseñemos desde IT, tenga en cuenta los recursos disponibles para no incurrir en costes adicionales y en la medida de los posible, intentar buscar soluciones convergentes.

Ahorros, ahorros, ahorros. A las áreas de IT se nos pide que reduzcamos el gasto y la inversión, con el propósito de producir ahorros en las cuentas de la compañía. Pero ahorro no tiene porqué significar gastar menos, sino gastar de manera más eficiente, por ejemplo compartiendo gastos entre distintas áreas y hasta con otras compañías. La nube es un ejemplo de la tendencia actual para aplicar ahorros a la infraestructura IT tradicional.

Descubrir nuevas oportunidades. Un ejemplo que identifica perfectamente cómo las áreas de IT pueden descubrir nuevas oportunidades, lo tenemos en Amazon y su producto AWS (*Amazon Web Services*), una compañía cuyo negocio es el comercio electrónico, ha conseguido convertirse en uno de los principales proveedores de servicios en la Nube.

Generar sinergias dentro de la organización. Las oportunidades no solo debemos buscarlas como nuevos enfoques para el negocio de la compañía. Podemos realizar un ejercicio de análisis intra-compañía para detectar necesidades internas que puedan ser cubiertas con recursos ya existentes.

Ajustar los costes a las necesidades reales del negocio. Disponer de un modelo más o menos preciso que nos permita definir aquellos periodos en los que vamos a necesitar una cantidad de recursos concreta, nos ayudaría a contratar una cantidad de recursos extras únicamente para aquellos periodos que lo necesitemos. Gracias a los servicios en la Nube y a la modalidad de pago por uso, las compañías pueden diseñar plataformas IT cuyos costes de explotación estén alineados la demanda, incrementando los beneficios gracias a reducir los costes en los valle de demanda.

Planificar el ciclo de vida de los recursos. Todos los componentes IT tienen un ciclo de vida establecido, después del cual el fabricante deja de dar servicio. Es importante disponer de un plan que permita hacer frente a la obsolescencia de los componentes IT. Este plan nos ayudará a evitar todos aquellos problemas que puedan generar incidencias en nuestro sistema de información, bien por fallo o compatibilidad con nuevos componentes.

> *Las compañías esperan mucho de los sistemas de información y es responsabilidad nuestra, como ingeniero IT, intentar cumplir estas expectativas.*

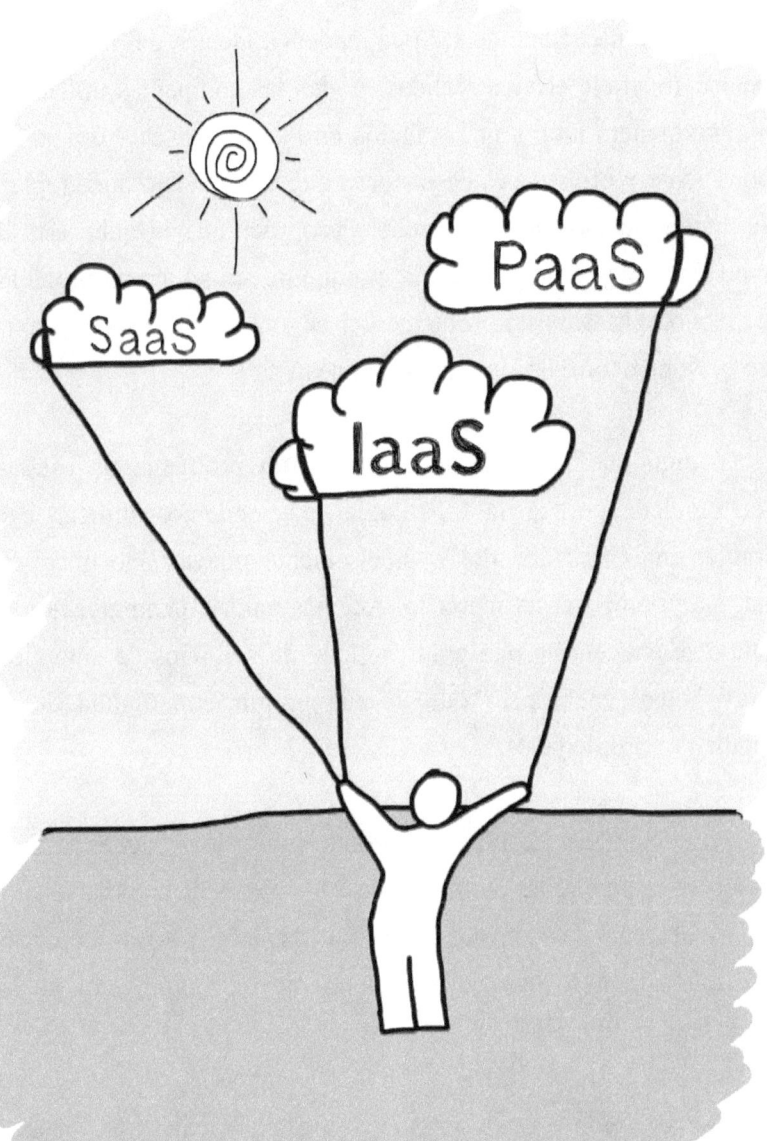

Capítulo 1 – El entorno IT actual

La nube

La nube ha dejado de ser una tendencia dentro del mundo IT para convertirse en una realidad. Todas las compañías utilizan de alguna manera u otra, una solución en la nube, a veces de manera consciente y otras veces desconoces que ese servicio que emplean se encuentra alojado en la nube. Pero ¿por qué la nube está de moda? La respuesta es sencilla, porque no soluciona un problema de tecnología, sino un problema del negocio. Aquí reside el éxito de la Nube dentro de las organizaciones.

Y digo que la Nube no soluciona un problema de carácter tecnológico, porque la tecnología que podemos utilizar para implementar la Nube no es precisamente nueva, sino que lleva bastante tiempo en el mercado. Además bajo la denominación de Nube se encuentran una gran cantidad de servicios de naturaleza muy heterogénea, pero que deben cumplir con alguna de las siguientes propiedades:

Pago por uso. Es la característica más interesante para las compañías, ya que les permite ajustar los costes de explotación con el nivel real de demanda, y solo pagarán por los recursos utilizados, con lo que consiguen un mayor rendimiento de los recursos.

Escalabilidad. Los servicios pueden escalar de manera transparente para los clientes, por ejemplo, aumentando la cantidad de potencia de procesamiento que asignamos a una aplicación para procesar mayor cantidad de transacciones.

Autoservicio. En la medida de lo posible, se garantiza que los servicios contratados pueden aprovisionarse de manera autónoma por parte del cliente. No es necesaria la intervención por parte del proveedor para gestionar los recursos contratados, lo que permite a las compañías ser más ágiles a la hora de gestionar recursos de terceros.

Control de acceso. Se debe garantizar que el acceso a los datos, que gestiona el servicio contratado, está restringido únicamente a los establecidos por nosotros como clientes y nunca otro cliente del servicio o el propio proveedor tendrá acceso a nuestros datos.

Disponibilidad. Los niveles de disponibilidad que se garantizan con servicios en la nube suelen ser superiores a los que podemos conseguir con infraestructura tradicional, por la sencilla razón de que los recursos suelen están repartidos geográficamente en distintos centros de datos. Esta dispersión geográfica de los recursos nos permite mantener réplicas de nuestros datos y servicios en distintos sitios para afrontar contingencias en situaciones críticas, como es la caída de un CPD o la pérdida de datos.

Recursos compartidos. Uno de los factores clave de la Nube es el menor coste de los servicios frente al modelo tradicional de adquisición de infraestructura. Los servicios en la Nube suelen tener un menor coste, por la sencilla razón de que utilizan recursos compartidos entre distintos clientes, lo que les permite reducir los precios de los servicios. Esta reducción de precios, frente a la infraestructura tradicional, ha ayudado a los proveedores de servicios en la Nube posicionarse de una manera muy competitiva en el mercado de la infraestructura IT.

Pero la nube no es solo una oportunidad para el negocio, las áreas de IT contamos en la Nube, con una poderosa herramienta que nos permita aportar ese valor extra que las compañías nos demandan. Ya que gracias a los servicios disponibles en la nube podemos transformar la infraestructura IT de nuestra compañía, para que esté permanentemente alineada con el negocio y cumplir con todas las necesidades que nuestra organización nos demanda.

La nube no soluciona un problema de tecnología, soluciona un problema de negocio y aquí radica el éxito de adopción como solución IT.

Capítulo 1 – El entorno IT actual

Piensa en el producto

Cualquier proceso productivo lo podemos desglosar en dos componentes básicos, el tiempo de ejecución del proceso y los recursos necesarios.

PRODUCTO

=

TIEMPO

+

RECURSOS

No importa cuál sea el producto de nuestra organización, para producirlo, necesitaremos una cantidad de tiempo determinada y emplear una cantidad de recursos concretos. Dependiendo de la estrategia marcada por la organización para el desarrollo del producto, se aplicarán unos criterios u otros, para establecer tanto el tiempo óptimo como la cantidad y naturaleza de los recursos necesarios.

Tradicionalmente, existen dos opciones para incrementar la productividad de un proceso, la primera *reducir el tiempo*, gracias a la optimización del proceso y la segunda opción consiste en *incrementar la cantidad de recursos*, para intentar paralelizar tareas y acciones dentro del proceso.

Las organizaciones necesitan que las áreas de desarrollo reduzcan los tiempos de creación de productos, optimizando el proceso productivo, para conseguir una ventaja competitiva en el mercado y poder lanzar los productos tan rápido como el mercado lo demande. Este es un reto al que todas las compañías deben enfrentarse y solo aquellas que consigan alinear su negocio con la demanda tendrán capacidad para llegar a los clientes.

El segundo objetivo para las compañías es hacer un uso eficiente de los recursos disponibles. Deben optimizar no solo el proceso productivo, también asegurar que los costes de los recursos necesarios para el proceso de fabricación sean lo óptimos.

Hasta este punto, todo parece tener sentido, y parece obvio cual es la línea de actuación de las organizaciones, el problema surge a la hora de poner en marcha. Voy a centrarme en las áreas de IT y la forma en la que construyen sus productos. Las áreas de IT suelen estar organizadas en un departamento de *desarrollo* y otro de *operaciones*, el primero puede actuar sobre el factor tiempo, mientras que el segundo puede actuar sobre el factor recursos. Por tanto, el enfrentamiento entre ambos departamentos es inevitable, ya que cada uno intentará modificar los valores de la ecuación en función de sus propias necesidades.

Capítulo 1 – El entorno IT actual

A *Desarrollo* se le incentiva para reducir los tiempos de desarrollo. Es habitual que el variable salarial de los empleados de las áreas de desarrollo esté relacionado con factores tales como el número de proyectos ejecutados. Por contra, a las áreas de *Operaciones*, el incentivo suele estar asociado a factores de disponibilidad. El resultado de esta política de incentivos es que cada área va a intentar conseguir sus propios objetivos, con el consiguiente perjuicio para el producto y la organización.

Una acción como la de establecer los criterios de aplicación de incentivos variables, para intentar incrementar el compromiso y la calidad del trabajo realizados, puede tener un efecto contrario, ya que antepone los objetivos propios del área, a los objetivos globales de la compañía.

Para las organizaciones es crítico que las áreas de *desarrollo* y *operaciones* trabajen de manera coordinada, intentando optimizar tiempo y recursos, con el objetivo de optimizar el producto de la organización. Esta es la razón por la que se suele decir que el objetivo de DevOps es ayudar al negocio de la compañía, pero actuando sobre los responsables, tanto del tiempo, como de los recursos necesarios, para construir el producto.

> *Es una mala estrategia plantear incentivos separados a desarrollo y operación. Solo promueve la competencia, frente a la colaboración #DevOps*

Capítulo 1 – El entorno IT actual

Tu organización está cambiando

No es ninguna novedad que las compañías están buscando la forma de transformarse, con el propósito de sobrevivir a unos mercados cada vez más exigentes y cambiantes. Ya no domina el más grande, sino el que sea capaz de adaptarse más rápidamente. Por tanto, el valor diferenciador de una compañía es su capacidad para adaptar su proceso productivo a la demanda real del mercado, independientemente de cual sea su tamaño.

Este proceso de transformación no sigue un modelo único, todo lo contrario, cada compañía está diseñando su propia estrategia, aunque existe una tendencia que está teniendo éxito, concentrar todo el esfuerzo de la organización en el core de su negocio, desplazando a un segundo plano todo aquello que no aporta un verdadero valor en su proceso productivo.

El objetivo es adoptar un tamaño óptimo que permita ser competitivos en el mercado y si la organización es lo suficientemente flexible para ajustar su tamaño a las fluctuaciones de la demanda, mucho mejor, ya que no solo podrá cubrir la demanda en los momentos pico, sino que en los momentos valle de demanda, la organización conseguirá reducir el impacto de una caída de la demanda, al ajustar su proceso productivo.

Las externalización, como todo en la vida, tiene cosas buenas y cosas malas, pero existe un modelo de externalización que es enormemente atractivo para las compañías, estoy hablando de la Nube. Cualquier infraestructura IT tiene unos costes, como son mantenimientos, personal, CPDs, líneas de comunicaciones, inversión inicial, renovación de infraestructura, etc. La nube permite a las compañías poder olvidar todo esto para concentrar todo su esfuerzo en lo que es realmente importante para ella, el negocio, delegando la gestión IT en un tercero, sino entera, al menos una parte.

Es un reto enorme para las compañías poder dar el salto desde una infraestructura IT propia, a utilizar servicios en la Nube. Este salto dependerá de la naturaleza del negocio, ya que no todas las organizaciones pueden alojar su infraestructura IT en la nube, bien por razones legales o estratégicas. La Nube híbrida es una solución para aquellas compañías que no puedan alojar toda su información en la nube. La información crítica se gestiona en infraestructura propia y aquella información que se considera menos crítica se aloja en la Nube.

Pero no solo de la Nube depende el futuro de muchas compañías, la Nube es una herramienta que permite ahorrar costes fijos, pero han aparecido otras herramientas que ayudan a las compañías a incrementar el valor de su producto, estoy hablando de las metodologías ágiles de desarrollo de software. Estas metodologías permiten reducir el tiempo de desarrollo de software, gracias al empleo de ciclos de desarrollo más pequeños, pero que se repiten una serie de veces. Este proceso en iteraciones permite ajustar el producto a la demanda de manera más eficiente que el modelo clásico de toma de requisitos, diseño, desarrollo, integración y despliegue.

En resumen, tu organización está cambiando, necesita cambiar para mantenerse dentro de su mercado y es tu responsabilidad, como ingeniero IT, participar en este proceso de cambio, aportando soluciones que permitan a la organización poder seguir navegando en un mercado cada vez más hostil.

> *La gran oportunidad de IT es ayudar a la compañía en su proceso de transformación, aportando las soluciones que mejor se ajusten a las necesidades del negocio.*

LA TECNOLOGIA
　　　ST
　　　T
CAMBIANDO

Capítulo 1 – El entorno IT actual

La tecnología siempre está cambiando

Tengo muchos amigos ingenieros, pero no solo de IT, de otras ingenierías y en muchas ocasiones me han comentado lo rápido que cambia la tecnología IT. Muchas de las cosas que ellos estudiaron les sirven hoy en día en su trabajo. En cambio la gente que trabajamos en IT estamos sometidos a un constante cambio en la tecnología que utilizamos. Continuamente aparecen nuevas herramientas que aportan una ventaja sobre herramientas anteriores, aparece un nuevo procesador, un nuevo lenguaje, un nuevo motor de base de datos, etc. Pero este proceso de cambio continuo no solo afecta a las herramientas, también a metodologías, arquitecturas, modelos de datos y todos aquellos elementos con los que trabajamos en IT.

Podría hablar de cientos de ejemplos, pero por comentar uno hablaré de las bases de datos NoSQL. Este modelo de bases de datos han hecho su aparición para desbancar al modelo imperante en IT, las bases de datos relacionales. NoSQL es idónea para muchos tipos de aplicaciones que hasta ahora se implementaban sobre el modelo relacional. NoSQL aporta una serie de características nuevas que permiten cubrir carencias del modelo relacional. No es que sea mejor o peor, sencillamente permite hacer las cosas de otra manera. Por ejemplo, cualquiera que haya tenido que tratar con el problema de modelar atributos variables en el modelo relacional sabrá de qué hablo. NoSQL básicamente ha movido parte de la gestión de la base de datos a la capa de aplicación, liberando a la base de datos de parte del trabajo y con ello, eliminando ciertas restricciones. Este es un ejemplo de una tecnología emergente que está desplazando al modelo relacional, que hasta ahora era el rey indiscutible para almacenar los datos de cualquier aplicación.

Si las organizaciones tienen el reto de transformarse en organizaciones más eficientes, en los departamentos de IT tenemos un reto doble, por un lado acompañar a la compañía en su proceso de transformación y por otro, analizar cualquier tecnología que aparezca en el mercado y que pueda ayudarnos en el proceso de transformación de la compañía.

Para las áreas de IT es fundamental generar un proceso de reciclaje continuo que garantice un nivel de competencia, porque de otra forma, caeremos en un proceso de estancamiento profesional que impedirá a las áreas de IT convertirse en el motor de la transformación dentro de las compañías.

Pero este proceso de reciclaje no solo debe afectar a nuestra aptitud profesional, también debe abordar la actitud de los equipos para afrontar el cambio. Tan importante es la aptitud como la actitud para tener éxito en un proceso de transformación como el que requieren las compañías.

Cuidado con los problemas

Voy a compartir contigo lo más importante que he aprendido a lo largo de más de 15 años trabajando en distintos equipos y plataforma IT.

Siempre, siempre, siempre aparece algún problema.

No importa la cantidad de esfuerzo y dinero que gastes en construir un sistema, el número de elementos redundantes que utilices, los controles que diseñes, lo concienzuda que sea la monitorización del sistema. Más tarde o más temprano algo falla y es responsabilidad de las áreas IT tener la suficiente capacidad de reacción, para que el fallo no impacte en el negocio o tenga el menor impacto posible.

Los sistemas de información son cada vez más complejos, cientos o miles de elementos interaccionan entre sí para hacer que los datos se conviertan en información útil para la compañía. Para nosotros es imposible conocer en qué punto del sistema se va a producir un error, por lo que tenemos que aplicar todo tipo de técnicas para mitigar el posible fallo.

Como he comentado al principio, los fallos siempre ocurren y la única forma que tenemos de reducir su impacto sobre el negocio es conocer en profundidad cómo está construido nuestro sistema. Si no tenemos un conocimiento profundo sobre el sistema, tardaremos más tiempo en solucionar un problema. Pero se puede dar una situación aún peor, que aparezca una anomalía y ni siquiera nos demos cuenta que ha aparecido un problema. Esta es la peor de las situaciones, porque puede que el negocio esté siendo afectado y no lo sabemos, ¿cómo vamos a arreglar algo que no sabemos que está estropeado?

En muchas ocasiones, como ingenieros nos centramos en construir sistemas de contingencia que ayuden a paliar los posibles problemas que puedan aparecer en el sistema, y dejamos a un lado el que podamos aprender más sobre cómo funciona el propio sistema. Es bastante frecuente escuchar eso de:

No importa lo que le pase al sistema, siempre puedo activar la contingencia.

Siempre he pensado, que es mejor comprender por qué el sistema puede fallar, que gastar tiempo y dinero en intentar solucionar los problemas duplicando y repitiendo. No digo que no haya que tener contingencia, solo digo que cuidado, que si has tenido que activar la contingencia, puede que el problema se reproduzca en el sistema de backup.

Siempre digo que tengo uno de los mejores trabajos del mundo, porque no pasa un día sin que me vaya a casa aprendiendo algo nuevo, una noticia sobre algo que podemos aplicar en nuestra plataforma, un nuevo producto, una idea para poder optimizar el envío de mensajería, una nueva forma de realizar la sincronización de datos, comandos, scripts, etc. Este es el secreto de esta profesión aprender, aprender y aprender.

> Los fallos son intrínsecos a los sistemas complejos, como son los sistemas de información. La única forma de mitigarlos es con el conocimiento.

Lo mejor de la tecnología son las personas

Hay una verdad que es indiscutible, la tecnología solo es tecnología y gran parte del éxito o fracaso del uso de una u otra tecnología recae sobre la capacidad de las personas que la utilizan. Son las personas las que generan valor con la tecnología, al menos por ahora.

Deberíamos ver a la tecnología como una herramienta, que nos ayuda a conseguir unos objetivos. En el momento en el que vemos la tecnología como el fin y no como el medio, estaremos cayendo en un error de consecuencias inesperadas. Muchas organizaciones se basan en ciertas herramientas para solucionar parte de sus problemas, sin tener en cuenta, que lo que hace realmente potente a una herramienta son las personas que la utilizarán para construir la solución. La tecnología es importante, pero el equipo lo es más.

Otro aspecto importante sobre la tecnología, y que solemos olvidar es que la utilizamos para resolver problemas que afectan a otras personas. No importa si estamos desarrollando una aplicación para Smartphone, administrando máquinas Linux, configurando el backup de un sistema operativo, generando una máquina virtual para el equipo de desarrollo, etc. Detrás siempre hay personas, por tanto no solo debemos trabajar pensando en la forma en la que vamos a solucionar un problema, también debemos reflexionar sobre el impacto que tendrá nuestra solución, sobre las personas que la va a utilizar.

Para las compañías es importante contar con gente que conozca la tecnología, porque ayudan a sacar el mayor rendimiento posible a las herramientas, al fin y al cabo, la tecnología ayuda a muchas compañías a ser más competitivas y eficientes en sus procesos productivos. Pero es mucho más importante para cualquier compañía entender que lo mejor de la tecnología son las personas, tanto las personas que la utilizan como las personas a las que va dirigido el producto.

Un buen departamento IT no es el que tiene un conocimiento profundo sobre ésta o aquella tecnología, como he dicho antes, eso solo es utilizar una herramienta. Lo realmente interesante para las compañías es que los departamentos de IT tengan capacidad para entender los problemas de las personas, tanto de los usuarios, como de los clientes, que para IT no tienen por qué coincidir, y por tanto de la compañía, para poder ofrecer la solución óptima a cada problema, pero no desde una perspectiva tecnológica, sino humana, aquí reside el secreto de una buena tecnología, que pensemos en ella como herramientas para solucionar problemas a personas.

> Las personas son el verdadero valor diferenciador dentro de la tecnología.

Capítulo 1 – El entorno IT actual

Lo peor de la tecnología son las personas

Si lo mejor de la tecnología son las personas, es indudable que lo peor de la tecnología también son las personas. Porque al fin y al cabo, somos nosotros los que creamos soluciones utilizando la tecnología como herramienta y no solo cosas buenas, también podemos realizar verdaderos fiascos.

No importa las horas que hayas empleado para diseñar una solución, ni lo robusta que pienses que es, o que hayas realizado un número elevado de pruebas. En algún momento, alguien hará algo que producirá un fallo en el sistema. La realidad es que las personas cometemos errores, errores que transferimos al sistema que estamos construyendo, diseñando o usando. Por esta razón no existe el sistema infalible, porque en algún momento alguien ha introducido un error, que puede tener consecuencias grandes o pequeñas.

Para las compañías es importante reducir el número de fallos de sus sistemas de información, por ello es necesario contar con una serie de controles que garanticen los criterios de calidad establecidos por la compañía, además de procedimientos que aseguren el uso correcto de los distintos recursos.

De nada vale, disponer de una batería de pruebas para asegurar la calidad del software que se pasa a producción, si no controlamos quién tiene permisos de administrador en estas máquinas, ya que cualquiera podría acceder y modificar el código intencionadamente o no.

En IT solemos decir que podemos diseñar soluciones que sean capaces de reaccionar antes un fallo técnico, un disco que se rompe, una aplicación que se cae, un filesystem que se llena, pero no podemos luchar contra la imaginación de un usuario que intenta solucionar un problema con una herramienta, porque siempre buscará un atajo que no habíamos previsto y que puede generar un fallo en el sistema. Por tanto, cuando construimos sistemas debemos pensar no solo en la tecnología, también en la forma en la que las soluciones tecnológicas que planteamos, se ajustan a los usuarios y clientes del sistema.

La información debe fluir

Me gusta pensar en los sistemas de información como complejos entramados de tuberías que comunican unos elementos con otros. Son estas tuberías las que permiten que la información fluya a través del sistema, transformándose según la necesidad que tenga tal o cual usuario del sistema de información.

Tan importante es para medir la calidad de un sistema de información, el valor de la información que maneja, como la capacidad que tiene el sistema para mover de la manera más óptima los datos entre los distintos componentes.

Si la percepción que tenemos sobre nuestro sistema es que la información fluye entre los distintos componentes, de manera que se ajustan perfectamente a las necesidades de los procesos de negocio, podremos afirmar que el sistema de información está funcionando de manera correcta. El problema aparece cuando observamos que los datos o la información no fluyen de la manera esperada, lo que impactará negativamente sobre los proceso de negocio y por consiguiente sobre el negocio.

En cualquier sistema de información podemos identificar tres tipos comunicación:

Comunicación Hombre-Hombre. Todas aquellas comunicaciones en las que remitente y receptor son personas. Es importante estudiar e identificar todos aquellos canales oficiales o no, que utilizan las personas que trabajan en el sistema de información. Normalmente este tipo de comunicación es la que genera más problemas para un sistema de información, las personas solemos saltarnos los canales de comunicación establecidos, haciendo que parte de la información que debe gestionar el Sistema salga fuera de él y por tanto, no exista ningún tipo de registro y/o control sobre la cantidad y calidad de la información que se gestiona.

Comunicación Hombre-Máquina. Aquellas comunicaciones en las que uno de los extremos del canal es una persona y el otro extremo es una máquina, independientemente del sentido de la comunicación. Dentro de este grupo están incluidas las interfaces con el sistema, aplicaciones, líneas de comandos, impresoras, fax, programas de correo, etc. Es decir todos aquellos elementos de los sistemas de información que permiten a una persona interaccionar con el sistema, bien para realizar acciones que el sistema debe ejecutar, bien para obtener información de alguno de sus componentes, por ejemplo, mediante herramientas de monitorización, rendimiento, etc.

Comunicación Máquina-Máquina. Comunicaciones en las que ambas partes son máquinas. En los dos tipos anteriores de una manera u otra participan una persona, por lo que es más o menos fácil recibir feedback sobre la calidad de la comunicación. En la comunicación entre máquinas no podemos preguntarles a las máquinas sobre la calidad de la comunicación, por lo que debemos establecer protocolos que nos ayuden a medir la calidad de este tipo de comunicaciones, midiendo parámetros de rendimiento tanto de las máquinas como de los propios canales.

> *En cualquier sistema de información, la información debe circular a través de los distintos componentes de una manera fluida.*

un solo Equipo

¿Pensamos como un solo equipo?

Sobre el papel, una compañía se organiza en distintos grupos de personas, cada uno de los cuales tiene una serie de responsabilidades. Estos grupos son equipos, áreas o departamentos, que deben trabajar de manera coordinada para cumplir los objetivos de la compañía. Sobre el papel todos esto es correcto, pero hay un problema, a los seres humanos nos gusta sentirnos que pertenecemos a un clan, una tribu y nos identificamos rápidamente con nuestro clan. El problema surge cuando aparece la competencia entre distintos clanes y lo que debería ser una relación cordial, destinada a conseguir unos objetivos comunes, se transforma en una confrontación continua, en la que cada clan defiende sus propios intereses, aunque vayan en detrimento de los objetivos comunes.

¿Qué empuja a las personas a identificar a compañeros de otras áreas como competencia? Voy a comentar cuatro de las causas que considero más habituales:

- *Desconocimiento del otro.* Realmente no sabemos qué es lo que hace esta persona o aquella, en otras áreas, y no comprendemos la importancia del trabajo que desarrollan para la compañía, pero lo que estamos seguro es que sin nuestro trabajo la compañía no estaría donde está ahora.

"...no sé lo que hace, pero lo que hago yo es más importante, seguro...".

- *Recelo profesional.* Solemos interpretar el interés de otros por nuestra área de conocimiento, como una intención por quitarnos algo que solo nosotros poseemos "...lo siento, no puedo contarte cómo es el procedimiento, porque es bastante complicado..." y nos sentimos imprescindibles para la compañía.

- *Pertenencia a un grupo.* Los seres humanos tenemos una necesidad primaria que es ser aceptados en el clan, por tanto, muchas veces nos sentimos tan fuertes como el líder de nuestro clan y por supuesto tenemos la certeza que al pertenecer a este grupo somos intelectualmente superiores a los integrantes de aquel otro grupo. Debemos entender que pertenecer a un grupo tiene muchas cosas positivas, pero no es una de ellas utilizar al grupo como un escudo en nuestra guerra particular con otro compañero de la empresa.

- *Falta de confianza en nosotros mismos.* El peor compañero de cualquier persona es la inseguridad en uno mismo. La confianza nos ayuda a comprender la situación y nos permite aumentar nuestra empatía sobre la persona que tenemos enfrente. Si no tenemos confianza, la empatía de desmorona y nos centraremos en hacer más alto el muro con nuestro interlocutor, lo que significa aumentar nuestra distancia con él y considerarlo como un enemigo.

Estas son algunos ejemplos de causas que pueden alimentar el distanciamiento entre áreas dentro de la misma organización. Es responsabilidad de la compañía fomentar la comunicación y la colaboración de todas las áreas, intentando generar una cultura corporativa que transmita a todas las personas de la compañía que forman un solo equipo. Y aunque estén organizados en unidades más pequeñas, con objetivos particulares, todos comparten un objetivo común y forman parte de la misma organización.

El reto para cualquier compañía es poder estar organizada en distintos equipos, pero que todos trabajen de manera coordinada como uno solo.

ÁGIL VS CASCADA

Desarrollo ágil vs Operación tradicional

No es ninguna novedad que las metodologías ágiles de desarrollo de código están aterrizando cada día en más compañías. En un principio, las metodologías ágiles se aplicaban a pequeños proyectos, que requerían pocos recursos y contaban con tiempos de ejecución muy reducidos, poco a poco, los resultados en este tipo de proyectos demostró que se podían abordar proyectos de mayor envergadura y comenzaron a aparecer distintas metodologías para cubrir distintas necesidades, pero todas con un denominador común, la agilidad.

La principal ventaja de las metodologías ágiles de desarrollo de software consiste en generar código usable muy rápidamente y mediante un proceso de iteración, vamos recogiendo el feedback del cliente y realizando modificaciones en el código, hasta conseguir ajustar el código a las necesidades del cliente.

En un entorno en el que la demanda del mercado cambia continuamente, el modelo tradicional de despliegue en cascada, en la que el código va avanzando por las distintas fases de su ciclo de vida, según la planificación del proyecto, está quedado totalmente obsoleta, ya que dependiendo del mercado al que va dirigido el producto y la duración del proyecto, podemos encontrar casos en los que el código queda obsoleto antes de llegar a la fase de producción. Esta es la razón por la que cada vez más compañías están adoptando distintas metodologías ágiles para desarrollar software.

El principal problema al que se tiene que enfrentar cualquier metodología ágil, es que se centran únicamente en el proceso de creación del código, dejando a un lado los aspectos de infraestructura IT y aquí surge un problema, ya que si el proceso de implantación de la metodología solo afecta a las áreas de desarrollo, encontrará muchos obstáculos a la hora de ponerla en marcha con el aprovisionamiento de la infraestructura que necesite, por parte de operaciones. Es importante que el proceso de adopción de nuevas metodologías de desarrollo de software por parte de las áreas de desarrollo, vaya acompañado de un proceso de evangelización en las áreas de operaciones, sobre los beneficios que tendrá para el negocio esta nueva forma de desarrollar código y de la coordinación entre ambas áreas para la creación de nuevos procesos que rijan la relación entre ambos.

No sirve absolutamente de nada, aplicar una metodología ágil, en la que el equipo está realizando iteraciones de codificación, si en algunas de las iteraciones necesitan aprovisionar infraestructura temporalmente, por ejemplo espacio extra de almacenamiento, y el área de operaciones no es lo suficientemente ágil y termina impactando en el tiempo para completar la iteración.

Es muy habitual que el proceso de evangelización DevOps dentro de la compañía se inicie desde el área de desarrollo, ya que culturalmente suelen ser menos reacios a adoptar nuevas forma de trabajo, al fin y al cabo, la facilidad que tiene el software para amoldarse a nuevos lenguajes y metodologías, es difícil de conseguir con el hardware que suele administrar el área de operaciones. Por tanto, el reto para las áreas de operaciones es vencer esta limitación sobre el hardware para conseguir procesos mucho más ágiles que permitan acoplar la demanda de las áreas de desarrollo con los recursos disponibles.

> *Muchos procesos de evangelización #DevOps nacen en las áreas de desarrollo, como proceso transformador del departamento IT.*

Estancamiento y obsolescencia

A largo plazo, los problemas más graves a los que se tiene que enfrentar cualquier sistema de información durante su ciclo de vida son, el estancamiento y la obsolescencia. El estancamiento se produce cuando el sistema no sigue un proceso de evolución que le permita estar actualizado. La obsolescencia aparece cuando llega el fin del ciclo de vida de un elemento. Ambos problemas suelen aparecer en las etapas de madurez del sistema de información.

El estancamiento suele aparecer en sistemas que poseen un alto grado de estabilidad y que no generan incidencias ni problemas para el negocio. La organización no presta demasiada atención al sistema, porque funciona y no genera problemas. Enumero dos de los problemas que un sistema estable, pero obsoleto puede generar:

- El estancamiento provoca una pérdida progresiva de la competitividad de la organización, decrementando el rendimiento, hasta llegar a una situación insostenible para el negocio.

- Las organizaciones con sistemas estancados adquieren la cultura de adaptar sus procesos al sistema y no al contrario como debería ser. Este enfoque condiciona la estrategia del negocio en función del rendimiento de su sistema de información.

Todos los componentes de un sistema tienen establecida una vida útil, que marca el fin de su ciclo de vida. La vida útil la fija el fabricante en función de las especificaciones de los componentes. Los sistemas de información son especialmente sensibles a los problemas de obsolescencia de sus componentes. Ya que están formados por decenas o cientos de elementos que interaccionan entre sí para desempeñar una función concreta. Tantos los elementos software, como los componentes hardware tiene establecidos un fin de vida, lo que provoca que haya que sustituirlos y/o actualizarlos.

Controlar la obsolescencia de decenas o cientos de componentes de distinta naturaleza, que además poseen distintos ciclos de vida, requiere de una revisión constante que nos ayude a identificar aquellos elementos que pueden quedar obsoletos y conocer el impacto que esta obsolescencia tendrá en el resto del sistema. Es importante conocer cuál será el impacto real de actualizar un elemento concreto, pero no solo estudiando el impacto sobre los elementos vecinos, sino sobre todo el sistema.

El efecto mariposa es un viejo conocido de los sistemas de información. Alguien actualiza el código de cierta funcionalidad que termina afectando al rendimiento de las controladoras de disco, por culpa de escrituras masivas en base de datos.

Las organizaciones deben garantizar que los sistemas de

información con los que trabajan estén en un proceso continuo de actualización de los componentes, para mejorar el rendimiento de los procesos de negocio y reducir el impacto que un fallo en cualquier parte del sistema pueda tener sobre el negocio. Es responsabilidad de las áreas de IT evitar que los sistemas de información caigan en un estado de letargo evolutivo que los aleje de las necesidades del negocio.

Disponer de un plan de obsolescencia reducirá los riesgos en los sistemas de información #DevOps

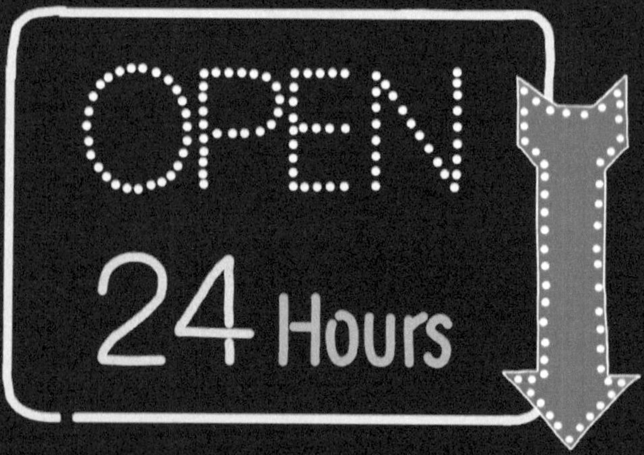
OPEN
24 Hours

La disponibilidad no se negocia

No importa cuál sea la naturaleza del negocio de tu compañía y si tiene un ámbito de actuación global o local, las compañías necesitan que los sistemas de información tengan una disponibilidad del 100%. Esta necesidad nace del papel principal que juegan los sistemas de información, no solo como soporte para el negocio, sino para la toma de decisión durante la construcción de la estrategia.

Desde IT debemos asegurar que los sistemas de información están disponibles el mayor tiempo posible, los clientes así lo solicitan. No hace mucho tiempo, las compañías establecían periodos de indisponibilidad, normalmente asociados al perfil de sus clientes, pero esta forma de relacionarnos con los clientes ha cambiado, actualmente es necesario garantizar la disponibilidad del sistema el mayor tiempo posible para que el cliente pueda utilizarlo cuando realmente lo desee.

Además no solo debemos pensar en una necesidad de accesibilidad de los clientes, los sistemas de información de cualquier compañía están integrados con otros sistemas de información externos. Esta dependencia con el exterior limita enormemente los tiempos de indisponibilidad de nuestro sistema.

Capítulo 1 – El entorno IT actual

Es necesario que desde IT ofrezcamos soluciones que permitan al sistema estar el menor tiempo posible inaccesible, por esta razón es crítico para las compañías que tanto el diseño de las soluciones, como la operación del propio sistema requiera del menor número de paradas posibles.

La virtualización, la dispersión geográfica de los recursos IT, la nube, los microservicios, la entrega continua de código, etc. Son herramientas que ayudan a IT a construir soluciones más sólidas, que reduzcan el tiempo de indisponibilidad y por tanto, se reduce el impacto de una parada del sistema sobre el negocio.

Adiós a la famosa ventana de intervención, en la que se podía parar el sistema, ahora es necesario que todo lo podamos hacer en caliente, desde backups consistentes, a subidas de código, por no hablar de cambios en la arquitectura y sustitución de elementos en fallo. Las compañías necesitan que su negocio funcione 24 horas al día y desde IT debemos ser capaces de cubrir una necesidad esencial para poder competir en el mercado actual.

> *Las compañías necesitan que sus sistemas de información estén 24 horas al día trabajando. En un mercado global, es necesario una disponibilidad máxima.*

Tendencias

Capítulo 2

Infraestructura como CODE

Infraestructura como código

Si has estado leyendo cosas sobre DevOps, seguramente te habrás topado con esta expresión. Pero ¿qué significa realmente *Infraestructura como Código*? Pues sencillamente eso, considerar a los distintos componentes de infraestructura IT como componentes de software, que pueden ser gestionados de la misma manera a como gestionamos el código.

Las categorías más básicas que podemos utilizar para clasificar cualquier componente IT son:

- Software
- Hardware

Tradicionalmente, el área de desarrollo se ha encargado de crear el software y el área de operaciones se ha encargado de administrar el software y el hardware. Esta división de las responsabilidades nace en los albores de la computación, cuando existía una línea clara entre el software y el hardware. Pero con el paso del tiempo, esta frontera se ha ido difuminando, hasta tal punto que a día de hoy, no se entiende un área de desarrollo que no tenga conocimientos básicos sobre la infraestructura hardware y un área de operaciones que no tenga las bases de programación de software necesarias para crear pequeñas piezas de software que les ayuden a administrar el hardware.

La generalización del uso de tecnologías que permiten la virtualización de los recursos físicos, ha añadido una nueva capa al esquema tradicional de capa hardware y capa de aplicación:

- Capa de aplicaciones.
- Capa de virtualización.
- Capa de hardware.

La capa de virtualización es una capa lógica, que se sitúa entre el hardware de la infraestructura y el software de las aplicaciones. Permitiendo independizar a las aplicaciones de los recursos hardware que necesitan para funcionar. La capa de virtualización presenta muchas ventajas para la gestión de los recursos hardware, por ejemplo, evita el problema de tener recursos saturados, mientras otros están siendo infrautilizados.

Pero la capa de virtualización no debe quedarse solo en una capa de abstracción del hardware, el reto consiste en construir una capa lo suficientemente versátil y dinámica, que permita a las aplicaciones poder interaccionar con ella, para gestionar los recursos hardware de manera eficiente, ajustando el uso de los recursos de manera dinámica a las necesidades del negocio.

Pero el concepto de *infraestructura como código* no se limita únicamente a entornos virtualizados, aunque es el entorno en el que más extendido está su uso, podemos cambiar la forma en la que gestionamos cualquier recurso hardware, de manera que el resto del sistema lo vea como si de un elemento de código se tratase. La lista de ejemplos puede ser infinita, el límite está únicamente en las habilidades de los equipos de IT para transformar la manera en la que trabajamos con el hardware y podamos gestionarlo como si de un elemento software se tratase.

La principal ventaja que podemos obtener al considerar la infraestructura como código, es que nos permite gestionar los recursos de manera más eficiente, alineando la operación con las necesidades reales de la organización. Ya que el área de operaciones no se limita a recibir peticiones de aprovisionamiento, sino que se convierte en el verdadero administrador de la infraestructura, para asegurar que la compañía es capad de sacar el máximo rendimiento a sus recursos, en concreto los recursos de infraestructura IT.

La infraestructura como código, permite a las áreas de operaciones incrementar su alineamiento con las necesidades del negocio #DevOps

TODO como un SERVICIO

XaaS

(*Everything-as-a-Service*) ¿Por qué es tan interesante el modelo *"as a Service"* para las compañías? El interés de las compañías nace de la posibilidad de no tener que adquirir bienes, los cuales hay que amortizar. Puede parecer una razón minia, pero el modelo *"as a Service"* no soluciona un problema de tecnología, sino del negocio. Pregúntale al director financiero de tu compañía, qué prefiere, ¿realizar una inversión para adquirir servidores (CapEx)? o ¿contratar servicios (OpEx)?

El modelo *"as a Service"* presenta varias ventajas desde el punto de vista operativo, por un lado, nos permite ajustar lo que contratamos, con lo que realmente necesitamos, e ir creciendo de manera progresiva según las necesidades del negocio. En el caso de que se produzca un descenso en las necesidades de recursos, puedo solicitar disminuir la cantidad de recursos contratados, lo que ayuda a la compañía a mantener los costes de explotación alineados con la demanda real. Algunos de los servicios que podemos encontrar en la modalidad *"as a Service"*:

- IaaS - Infrastructure as a Service.
- PaaS - Platform as a Service.
- SaaS - Software as a Service.
- DbaaS - Databases as a Service.
- DaaS - Desktop as a Service.
- FaaS - Files as a Service.

Capítulo 2 - Tendencias

- CaaS - Communications as a Service.
- MaaS - Monitoring as a Service.
- NaaS - Network as a Service.

El área de IT, debe superar el reto que supone la transformación de la infraestructura, desde el modelo de "granja", a un modelo de servicios, en el que toda la operación de la infraestructura está orientada al servicio y no a la granja de servidores.

El segundo reto al que se deben enfrentar las áreas de IT, consiste en asumir una mayor integración entre las capas de aplicaciones y recursos. La manera tradicional de gestionar cualquier infraestructura IT se basa en una serie de aplicaciones que requieren de un cantidad concreta de recursos de varios tipos. Cada vez que las aplicaciones demandan más recursos, éstos son aprovisionados por operaciones. De esta forma, la gestión de los recursos se realiza por demanda.

En la actualidad y gracias a los servicios del modelo "as a Service" las compañías necesitan cambiar la forma de gestionar los recursos y deben ser las aplicaciones las que soliciten de manera dinámica los recursos. La infraestructura debe contar con la inteligencia suficiente para proveer de los recursos necesarios a las aplicaciones, en aquellos momentos en los que los demande.

Este mayor nivel de integración entre aplicaciones y recursos necesita de una comunicación y colaboración continua entre las áreas de desarrollo y operaciones. Porque no solo ha cambiado la forma en la que las compañías construyen sus infraestructuras IT, también está cambiando la forma en la que las áreas de IT interaccionan con esta infraestructura.

Es necesario que las áreas de desarrollo conozcan la forma en la que se gestionan los recursos, para poder implementar procesos de aprovisionamiento inteligente que permita a las aplicaciones solicitar recursos cuando lo necesiten. Por otro lado, las áreas de operaciones, ya no se limitan a gestionar recursos, con un modelo de aprovisionamiento por petición. Debe construir infraestructuras que permitan el aprovisionamiento dinámico, asegurar el acceso a los datos, su disponibilidad y garantizar la continuidad del negocio.

XaaS es un reto para los departamentos de IT. Cambiar su propia mentalidad para aportar valor al negocio

MICRO
servicio

Microservicios

Tradicionalmente los servicios IT se han desarrollado utilizando una arquitectura monolítica, el cliente tiene una necesidad y se construye una solución, lo que se conoce como entregable. El gran problema de los servicios monolíticos es que tanto su mantenimiento como su evolución se complican con el tiempo.

Otro factor importante a la hora de construir un servicio con una arquitectura monolítica, es la capacidad del servicio para superar la obsolescencia de los componentes con los que se ha construido. Cada fabricante establece un periodo de vida para sus productos, cuando uno de estos productos llega al final de su ciclo de vida, debemos sustituirlo por una versión más actualizada o reemplazarlos por un producto de otro fabricante. En ambos casos, necesitamos identificar cuáles son los puntos críticos del servicio que se pueden ver afectados por este cambio y debemos tener en cuenta, cómo afectará el cambio al resto de los componentes del servicio.

Aunque el modelo *monolítico* ha demostrado ser una arquitectura sólida, que ha funcionado durante muchos años, desde hace un tiempo, ha surgido una nueva tendencia para diseñar la arquitectura de un servicio. Se trata de dividir el servicio en *microservicios* que puedan interaccionar entre ellos, para ofrecer las mismas funcionalidades de una solución monolítica, pero sin los inconvenientes de ésta.

Capítulo 2 - Tendencias

Vale, entiendo que tengo que construir servicios más pequeños, pero ¿cómo de pequeños? Esta es una cuestión importante a la hora de establecer el alcance de un microservicio. Una buena regla que podemos seguir a la hora de establecer el alcance de un microservicio es:

> *"Un microservicio debe hacer una sola cosa, pero debe hacerla bien."*

Es decir, no debemos intentar construir microservicios con muchas funcionalidades, lo que supondría un problema a la hora de integrarlos con el resto del sistema. Es más eficiente construir un elemento pequeño y sencillo, que tenga una única funcionalidad, pero estaremos seguro de que lo que hace lo hace perfectamente bien.

Las soluciones basadas en microservicios tienen una serie de ventajas, entre las que podemos citar:

- Son sencillos de desarrollar y mantener.
- Se reducen el número de incidencias.
- Se puede utilizar la tecnología que mejor se ajuste a la necesidad que debemos cubrir.
- Simplificamos el proceso de despliegue de nuevas versiones.
- Se puede reutilizar para otros procesos de negocio.
- Es fácil desarrollar nuevas funcionalidades.

Pero todo no van a ser ventajas, también tienen inconvenientes:

- La información pasa de un microservicio a otro, por lo que es necesario implementar procesos de control que garanticen la consistencia de los datos.
- La creación descontrolada de microservicios, puede llevar al sistema a una situación de competencia por los recursos disponibles, en la que el sistema no pueda coordinar la asignación más óptima de los distintos recursos.
- Los desarrolladores pueden estar tentados de crear nuevos microservicios, frente a la posibilidad de mantener el código ya existente.

A pesar de sus inconvenientes, los microservicios pueden ayudar a las organizaciones a incrementar el rendimiento de sus propios recursos, reducir el Time-to-Market y ser más competitivos en el mercado, gracias a plantear soluciones sencillas que son más fáciles de crear y mantener.

> *Un microservicio debe hacer una sola cosa, pero debe hacerla bien #DevOps*

MANIFIESTO ÁGIL

Estamos poniendo al descubierto mejores métodos para desarrollar software, haciéndolo y ayudando a otros a que lo hagan. Con este trabajo hemos llegado a valorar.

A los individuos y su interacción, por encima de los procesos y las herramientas.

El software que funciona, por encima de la documentación exhaustiva.

La colaboración con el cliente, por encima de la negociación contractual.

La respuesta al cambio, por encima del seguimiento de un plan.

Aunque hay valor en los elementos de la derecha, valoramos más los de la izquierda.

Agile

Uno de los movimientos que mayor impacto está teniendo en la forma de entender cómo se debe desarrollar un producto software, es el movimiento *agile* o agilismo. Este movimiento se basa en el manifiesto ágil, creado con el propósito de sentar las bases sobre el que debe desarrollarse todas las acciones ágiles.

El movimiento *agile* está cogiendo bastante fuerza dentro de los equipos de desarrollo de software. Esta presencia se demuestra con la aparición de un gran número de metodologías ágiles y más que van a aparecer. Entre las metodologías más conocidas:

- Agile Unified Process (AUP).
- Crystal Clear.
- Scrum.
- eXtreme Programming.

Mucha gente confunde DevOps con *agile IT*, una confusión que provoca problemas a la hora de adoptar DevOps como cultura IT dentro de la organización. La principal diferencia es que DevOps no es una metodología, mientras que la cultura ágil se basa en distintos tipos de metodología. La razón de esta diferencia es que el movimiento *agile* nace de la necesidad de crear una nueva forma de entender el desarrollo de software y por tanto, se necesita establecer un método para organizar a los equipos que forman parte de un proyecto. DevOps se centra en la forma en la que nos relacionamos con el Sistema.

Tanto DevOps como el movimiento Agile necesitan de un grupo de personas con una mentalidad abierta y predispuestas para adoptar nuevas formas de trabajar. Es obvio que en un grupo en el que pueda germinar una forma de entender el desarrollo de software como es Agile, también germine la cultura DevOps.

DevOps no es *agile*, aunque tampoco es incompatible, sencillamente porque DevOps actúa en un plano diferente, de hecho es bastante frecuente ver en las organizaciones, cómo los equipos de desarrollo adoptan distintos tipos de metodologías ágiles, mientras que las áreas de operaciones mantienen procesos tradicionales para gestionar de la infraestructura IT.

> *#DevOps no es agile IT, por la sencilla razón de que DevOps no es una metodología.*

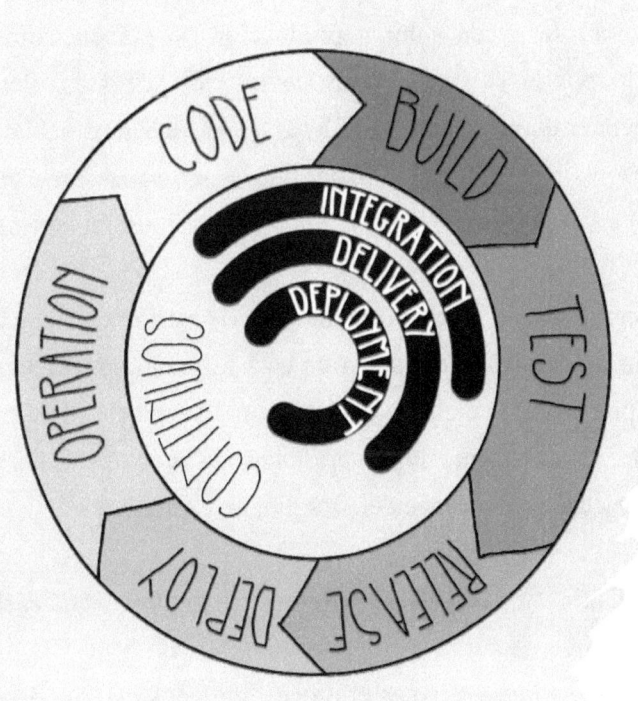

Capítulo 2 - Tendencias

Continuos deployment

El Despliegue Continuo (*Continuos Deployment* en inglés) es el proceso por el cual permitimos que todo el código escrito de una aplicación, se pueda subir a producción de manera automática, pasando por las distintas fases de su ciclo de vida. Pero para comprender qué es *Continuos Deployment*, debemos hablar de sus antecesores, la Integración Continua (*Continuos Integration* en inglés) y la Entrega Continua (*Continuos Delivery* en inglés).

Aunque sea puramente orientativa, voy a establecer que el ciclo de vida de desarrollo del software está formado por las siguientes fases, puede que tu ciclo de vida no coincida con el del ejemplo, no importa, sencillamente quiero presentar las fases típicas para poder explicar cuál es el alcance del Despliegue Continuo.

Code>>Build>>Test>>Release>>Deploy>>Operation

Continuos integration es el proceso que nos permite de manera automática, construir los paquetes de código y ejecutar los test necesarios para cumplir con los criterios de calidad establecidos, además de comprobar que el nuevo código funciona perfectamente con el resto de piezas del sistema.

Continuos Delivery es el proceso que incluye a *Continuos integration* y que permite de manera automática, crear una release del código que hemos creado o modificado. Lo que obtenemos es un entregable preparado para desplegarlo en producción.

Si automatizamos el último paso, podremos desplegar de manera automática el entregable que hemos obtenido del proceso de *Continuos Delivery* sobre producción. De esta manera tenemos totalmente automatizado todo el proceso de generación y paso a producción de código. Algo que nos permitirá ahorrar mucho tiempo y esfuerzo, aunque requiere de una planificación extraordinaria, ya que cualquier error que cometamos a la hora de construir nuestro proceso de *Continuos Deployment,* puede tener consecuencias fatales sobre el sistema.

Los test y controles son fundamentales en este tipo de procesos automáticos, ya que son lo único que podrá impedir que un error en el código pase a producción. Además es necesario mantener un sistema de monitorización que nos pueda alertar de manera temprana sobre cualquier anomalía que aparezca a lo largo del pipeline de desarrollo.

> *Continuos Deployment ayuda a las compañías a mantener alineado su producto con la demanda del mercado, gracias a reducir el Time-to-Market.*

BIG DATA

BigData

Con la explosión de las redes sociales, el uso aplicaciones móvil y el acceso masivo a la banda ancha, el nuevo caballo de batalla de las compañías es el volumen de la información. Ya no solo es importante disponer de una gestión eficiente de la información, sino que debemos ser capaces de captar tendencias en el océano de datos que nuestros clientes potenciales son capaces de generar.

La prioridad principal para cualquier compañía es gestionar de manera eficiente las grandes cantidades de datos disponibles, con el objetivo de intentar predecir pautas de comportamiento dentro de los nichos de mercado en los que trabaja, para ajustar su producto a los cambios en la demanda.

Las áreas de IT tenemos el reto de proporcionar nuevas herramientas que sirvan a la compañía para obtener un valor diferencial de los grandes volúmenes de datos que tienen a su alcance. No solo debemos limitarnos a proveer de herramientas que puedan gestionar cada vez más información. El reto que se nos plantea es conseguir que la compañía pueda extraer información útil para el negocio.

Uno de los peligros que debemos intentar evitar cuando trabajamos con grandes cantidades de datos, es que lo realmente importante para la compañía, la información realmente útil quede

Capítulo 2 - Tendencias

oculta y no seamos capaces de llegar a ella.

Cualquier solución que planteemos desde IT para cubrir las necesidades de gestionar grandes cantidades de datos, debe cumplir con un requerimiento, que sean soluciones flexibles, que podamos ajustar de la manera más rápida y con el menor coste posible. Lo realmente importante de BigData es que los sistemas puedan encontrar información en un océano de datos, cuyas fuentes de datos son heterogéneas y dinámicas. Si el sistema no es capaz de ajustarse a este océano de datos, la organización no podrá aprovechar la ventaja que BigData ofrece.

Big Data es un reto para cualquier compañía, pero más allá de ser un término de moda, es una gran oportunidad para incrementar el valor de los productos gracias al análisis de enormes cantidades de datos de muy distinta naturaleza. No basta con poder gestionar estos datos, desde IT debemos plantear soluciones que se ajusten perfectamente a las actuales fuentes de datos, como son las redes sociales, información de geolocalización, uso de servicios en ciudades inteligentes, etc. Y sobre todo, estar preparados para que el sistema de información pueda ser alimentado con nuevas fuentes de datos, lo que garantiza incrementar la conectividad con su entorno, para poder transformar los sistemas de información de la compañía en elementos esenciales para la definición de la estrategia del negocio.

> *Es necesario procesar el creciente volumen de información de manera inteligente.*

¿DevOps?

El término DevOps está de moda, al menos dentro del mundo IT. Solo tenemos que probar a buscar la palabra DevOps en cualquier buscador, para comprobar que aparecen cientos de referencias. El problema para DevOps es que no existe una definición clara que identifique qué es o a qué nos referimos cuando empleamos la palabra DevOps. Empecemos por lo obvio, que además es lo más sencillo, para evitar enredarnos en complicadas definiciones de este esquivo concepto.

DevOps es el juego de palabras que surge al unir las primeras letras de las palabras en inglés:

Development **Op**eration**s**

Esta es una primera pista que nos ayudará a entender de qué va DevOps. Se trata de un movimiento que pretende acercar los dos mundos en los que se dividen la mayoría de las áreas de IT, el desarrollo y la operación.

Como término de moda, existe una larga lista de intentos para definir qué es exactamente DevOps. El que no exista una definición establecida, tiene sus pros y sus contras. Entre los contras puedo destacar la confusión que esta falta de definición provoca en las personas que tienen su primer contacto con

Capítulo 3 – Cultura DevOps

DevOps. Entre los pros, destacaría que se trata de un concepto abierto que permite que pueda ser adoptado por cualquier organización. Cuando hablo sobre DevOps, suelo utilizar la definición que tiene Wikipedia:

"...se refiere a una metodología de desarrollo de software que se centra en la comunicación, colaboración e integración entre desarrolladores de software y los profesionales de operaciones en las tecnologías de la información (IT). DevOps es una respuesta a la interdependencia del desarrollo de software y las operaciones IT. Su objetivo es ayudar a una organización a producir productos y servicios software rápidamente..."

Wikipedia

Aunque esta definición es bastante completa y explica de manera muy resumida qué podemos entender por DevOps, comente un error al identificar DevOps como una metodología. Este error de Wikipedia es lo primero que debes tener en cuenta cuando te adentras en el mundo DevOps, no es una metodología. Y digo que no es una metodología, porque no existen un conjunto definido de métodos que podamos aplicar para conseguir cumplir con DevOps. Como comentaré más adelante en el libro, DevOps no va de tecnología, ni de metodologías, DevOps va de entender cómo los distintos componentes de un sistema complejo se comunican de una manera eficiente, para conseguir obtener el mayor rendimiento posible.

Por ahora no sabemos muy bien qué es DevOps, no te preocupes, el propósito del libro no es adoctrinarte sobre qué es DevOps, todo lo contrario, me he propuesto mostrarte cuales son los principios básicos de la cultura DevOps y cómo puede ayudar DevOps a tu organización. Quédate por ahora con esta idea.

DevOps no es una metodología.

> DevOps no es una metodología, se trata de un movimiento, que cada uno debe adoptar de la manera que mejor se ajuste a su organización.

NO ES UNA METODOLOGÍA

es una Cultura

una forma de entender cómo nos **COMUNICAMOS**

DevOps no va de reglas

A los ingenieros nos gustan las normas, necesitamos establecer reglas que unifiquen la forma más óptima en la que se debe trabajar en un problema. Sin las normas estaríamos abocados a repetir una y otra vez errores que otros ya han solucionado y no podríamos saber si estamos aplicando la solución más óptima. Esta es la razón de que se considere a los ingenieros como gente cuadriculada que les gusta seguir los procedimientos.

En IT contamos con una larga lista de normas y metodologías, surgidas de la necesidad de poner algo de orden en un campo de conocimiento que ha tenido un crecimiento enorme en los últimos años. A diferencia de otras áreas de ingeniería, IT han evolucionado de una manera exponencial, lo que ha supuesto un desfase entre la creación de normas y la aparición de nuevas tecnologías.

Este desfase genera problemas a la hora de aplicar al negocio aquellas tecnologías que acaban de aparecer en el mercado. En aquellos casos en los que la metodología no acompaña a la tecnología, se suele optar por un enfoque menos encorsetado y aparecen movimientos con propuestas alternativas. Este es el caso de DevOps, que tiene más de cultura que de metodología, en cuanto que no existe un conjunto de normas y métodos que nos ayuden a transformar un departamento IT en un departamento DevOps.

Capítulo 3 – Cultura DevOps

Para comprender qué es DevOps sería más acertado considerar que está formado por un conjunto de buenas prácticas que *podríamos* utilizar y he puesto en cursiva la palabra podríamos, porque realmente este conjunto de buenas prácticas son recomendaciones bastante abstractas y que debemos ajustar a cada departamento, proyecto u organización.

Mi consejo es que intentemos entender DevOps, como un proceso de transformación en la manera en la que los distintos equipos trabajan, colaboran y se comunican, tanto entre sí, como con el resto del sistema. Y esta es la base sobre la que se construyen los principios de la cultura DevOps, no esperes un decálogo de normas y reglas, porque DevOps no va de reglas, va de personas y de incrementar el conocimiento que tenemos sobre el sistema.

> *#DevOps no va de reglas, va de personas y de incrementar el conocimiento que tenemos sobre el sistema.*

Capítulo 3 – Cultura DevOps

Acaba con el muro

Si has trabajado en un departamento de IT, seguro que alguna vez has estado en reuniones en las que gente de desarrollo y de operaciones, se han enzarzado en una discusión por una auténtica niñería. Tal como ocurría cuando éramos pequeños y no le prestábamos un juguete a nuestro hermano, solo porque lo había pedido antes. Esta es la mejor forma de definir la relación entre desarrollo y operación, como la de dos hermanos que están obligados a vivir bajo el mismo techo, pero que si no se comunican están abocados a enfrentarse por cualquier niñería.

Son muchas las causas que originan este enfrentamiento entre el área de desarrollo y el de operaciones, falta de empatía, recelo profesional, inseguridad, afán de notoriedad, rencillas históricas, cultura profesional, pertenencia a un grupo, etc. La relación entre desarrollo y operaciones nunca ha sido fácil, siempre ha existido cierta rivalidad, alimentada muchas veces por los propios equipos. Esta rivalidad ha ido construyendo a los largo de los años un muro que delimita perfectamente las responsabilidades y alcance de cada equipo y que genera una falsa sensación de protección. Nada mejor que un muro para protegerme de los bárbaros, al menos eso pensaron los antiguos emperadores chinos.

Pero este muro en los departamentos de IT, también ha servido para dificultar aún más la comunicación entre ambos, lo que ha incrementado la altura del muro. De hecho en algunas organizaciones se ha construido un muro tan alto que la relación entre desarrollo y operaciones es casi inexistente.

Es importante que intentemos acabar con este muro para permitir que la comunicación pueda fluir entre ambos equipos, porque a pesar de sus diferencias, la realidad es que sin la colaboración de ambos mundos es difícil para el negocio poder competir en el mercado. Pero derribar el muro no significa unificar, ya que esta es la interpretación que muchos de los detractores del movimiento DevOps enarbolan. No es el objetivo de DevOps eliminar las barreras para fusionar los equipos, sino para que se puedan comunicar, ayudando a la colaboración y cooperación para resolver los problemas de IT, aportando un valor extra y cumpliendo con el principio de que:

$$1 + 1 = 3$$

> *Las barreras entre Desarrollo y Operaciones terminan impactando negativamente sobre el negocio #DevOps*

PRODUCTIVIDAD

vs

★ DISPONIBILIDAD ★

¿Qué persigue DevOps?

Es bastante frecuente, encontrar referencias a herramientas DevOps, perfiles DevOps, seguridad DevOps, etc. De hecho mucha gente tiene una percepción errónea sobre el origen del movimiento DevOps, ya que lo relacionan con la utilización de herramientas como el cloud, metodologías ágiles, herramientas de automatización, arquitecturas escalables, etc. Como si DevOps hubiera nacido para resolver un problema de tecnología, todo lo contrario. DevOps aparece en escena para resolver un problema de negocio, en concreto, el problema que tienen la mayoría de las organizaciones para adaptar sus departamentos de IT a las nuevas necesidades de los mercados, que demandan a las compañías un cambio en su modelo productivo. Las compañías deben ser más dinámicas para poder adaptarse a una demanda en continua evolución.

Aunque DevOps intenta resolver un problema de negocio, esto no quiere decir que se trate de una filosofía centrada en el negocio. El objetivo de DevOps es trabajar desde el departamento de IT para poder transformarlo y conseguir incrementar la competitividad de las organizaciones.

Tradicionalmente las áreas de IT se han organizado en dos ramas, cada una de ellas con una responsabilidad concreta. Una rama denominada *Desarrollo,* que es la encargada de crear el software, su función principal es generar el software necesario para dar soporte a los procesos de negocio. La otra rama se denomina *Operación* (también suele denominarse Sistemas, utilizaré Operación por seguir con la nomenclatura DevOps), cuya función es proveer de las infraestructura necesaria para que el software esté disponible y sea accesible a los usuarios.

Podría estar escribiendo decenas de páginas sobre los conflictos que de manera recurrente han azotado la relación entre Desarrollo y Operaciones, pero sobre todos estos conflictos, puedo citar uno, que considero es la madre de todos los conflictos entre Desarrollo y Operaciones, estoy hablando de los objetivos que la organización ha marcado para cada uno de los equipos.

	Función	**Objetivo**
Dev	Crear	Productividad
Ops	Operar	Disponibilidad

La tabla anterior pone en evidencia el problema real que existe entre las áreas de Desarrollo y Operación, los objetivos de ambas. Aunque estos objetivos deberían ser complementarios, porque así lo necesita la organización, no siempre están alineados. Y de esta desalineación surgen los conflictos entre ambas áreas, conflictos que terminarán impactando en el negocio de la propia organización. Por tanto, si las compañías necesitan ser más competitivas y para ellos deben optimizar todos sus procesos productivos, la primera acción en un departamento de IT debería consistir en asegurar que los objetivos particulares de cada área, se encuentran totalmente alineados con la organización y lo que es más importante, se encuentran alineados entre las propias áreas.

A la pregunta ¿Qué persigue DevOps? Podemos contestar.

*Alinear los objetivos de las áreas de
Desarrollo y Operación.*

> DevOps pretende alinear los objetivos de desarrollo y operación, para que en conjunto coincidan con los de la organización

Las tres vías DevOps

Primera vía
Entender el sistema como un todo

Segunda vía
Incrementar el feedback

Tercera vía
Experimentación y aprendizaje continuo

Las tres vías

Aunque DevOps no es una metodología, porque no existe un conjunto de métodos que podamos aplicar, sí existen un conjunto de *buenas prácticas*, las cuales podemos poner en marcha dentro de nuestro departamento IT.

En su libro *The Phoenix Project*, Gene Kim, Kevin Behr y George Spafford, cuentan las peripecias de Bill, un responsable de IT, que se encuentra con el reto de liderar el denominado P*royecto Phoenix*, el cual es crítico para la compañía en la que trabaja. En el libro se definen tres vías, que han sido adoptadas por parte del movimiento DevOps, como las tres vías básicas sobre la que cualquier organización puede construir su propia cultura DevOps.

- Entender el sistema como un todo.
- Incrementar el feedback.
- Experimentación y aprendizaje continuo.

Aunque parte del movimiento está adoptando estas tres vías, debemos recordar que DevOps es un movimiento, una forma de entender cómo nos relacionamos y puedes adoptar la cultura DevOps sin cumplir con las tres vías anteriores. No tenemos que considerar las tres vías como leyes, sino como consejos que podemos seguir, es nuestro propio *camino de baldosas amarillas* y esta es otra de las claves importantes para entender DevOps. No se trata de conseguir un objetivo al estilo de una certificación ISO que asegura que nuestros procesos cumplen un estándar concreto. Lo importante del movimiento DevOps es crear una cultura corporativa, gracias a recorrer un camino que nos sirva como herramienta de aprendizaje, igual que Dorothy y sus tres compañeros iniciaron un viaje en el que aprendieron cosas sobre ellos mismos y sobre el entorno que los rodea. DevOps es como el camino de baldosas amarillas, si no lo utilizas para alcanzar tus propios objetivos, no sirve absolutamente de nada.

¿Qué metas podemos llegar a conseguir adoptando DevOps como cultura corporativa en nuestro departamento? La lista de beneficios es muy extensa y estarán en función de cada organización y cada departamento de IT, pero a groso modo puedo citar de manera general algunas de las ventajas:

- Colaboración entre los equipos de Dev y los de Ops.
- Incrementar la comunicación entre todas las personas, tanto la comunicación horizontal como la vertical dentro de la jerarquía establecida.
- Generar un ambiente de confianza entre las personas.
- Aumentar la especialización de las tareas.
- Se genera un proceso natural de innovación, al promover el hábito de compartir las ideas con otros, para ayudar a que aparezcan mejoras y nuevos puntos de vista.
- Reducir el Time-to-Market gracias a implantar una mentalidad ágil en la entrega de productos.
- Ahorros relacionados tanto en el proceso de desarrollo como en la explotación.

- Evolución gradual del Sistema, lo que nos ayuda a reducir los tiempos de indisponibilidad.
- Se reduce el tiempo para resolver incidencias.
- Se elimina trabajo repetitivo dentro del sistema.
- Se reduce el tiempo de creación de nuevos entornos.
- Se reduce el tiempo de recuperación ante desastres.

Las tres vías no son leyes, son la base sobre la que debemos construir nuestra propia cultura #DevOps

Mira el sistema como un todo

La primera vía nos propone una transformación de la forma que tenemos de comprender los sistemas de información, para que ampliemos nuestra visión local del sistema, por una visión global que nos permita ver todo el conjunto. Los sistemas de información cada vez son más complejos, ya que al aumento de volumen de información que deben manejar, hay que añadir el incremento en las fuentes de los datos. Y la única manera realmente efectiva para acometer la construcción de un sistema complejo consiste en dividir el sistema en unidades más pequeñas gestionadas por especialistas.

Esta estrategia de reducir los problemas, en problemas más sencillos, que sean más fáciles de solucionar, no es una mala estrategia, el problema aparece cuando la estrategia de dividir en subsistemas más manejables, no va acompañada de una visión global del sistema. Focalizar todo nuestro esfuerzo en un solo punto del sistema, sin tener en cuenta cómo está afectando al resto de subsistemas, es una mala estrategia, ya que nos conduce a trabajar en modo *frontera*, con las consecuencias que este modelo tiene para el rendimiento óptimo del sistema.

Trabajar en modo frontera consiste en que solo me preocupo de qué está ocurriendo en la parte del sistema sobre la que tengo

Capítulo 3 – Cultura DevOps

responsabilidad, es decir, sobre mi territorio y no tengo en cuenta qué está ocurriendo fuera de mi frontera. Además si alguien intenta cruzar mi frontera, me ocupo de dejarle claro que está entrado en mi territorio.

El problema de trabajar en modo frontera, es que tarde o temprano, ocurrirá algún problema en alguna de las fronteras y este conflicto impedirá que la información se mueva de manera fluida dentro del sistema, con el consiguiente impacto que tendrá sobre los procesos de negocio. Si por el contrario, adoptamos una actitud más abierta, que nos permita focalizar nuestro esfuerzo en aquellos subsistemas sobre los que tenemos responsabilidades y también entender que somos parte de algo más grande, estaremos incrementando no solo el rendimiento del sistema, sino el conocimiento que podemos adquirir sobre el propio sistema, gracias a interactuar con el resto de personas, cuyas responsabilidades y territorios no coinciden con los nuestros.

Esta es la verdadera razón por lo que es tan interesante para la organización, que todos tengamos una visión del sistema de información *como un todo*. Porque ayuda a incrementar el conocimiento que la organización tiene sobre su propio sistema. Y es desde este incremento del conocimiento propio, desde el que la organización puede construir su estrategia de mejora e innovación, ya que sin un conocimiento profundo, la única forma de mejorar algo es mediante un proceso de prueba y error.

Las compañías necesitan construir sistemas de información

cada vez más complejos, que gestionen un mayor volumen de datos y que sean capaces de reducir el tiempo necesario para transformar datos en información. Esto requiere que los sistemas sean lo suficientemente flexibles para amoldarse a las necesidades del negocio. Sin una visión global del sistema, que nos permita tener un conocimiento profundo sobre su alcance y funcionamiento, las áreas de IT no conseguiremos mantener alineados los sistemas de información con las necesidades del negocio.

> *Trabajar en modo frontera dentro de un sistema terminará perjudicando a la forma en la que la información fluye dentro del propio sistema #DevOps*

Feedback

Incrementa los flujos de feedback

La segunda vía nos propone que aumentemos nuestros canales de feedback con el sistema, para que podamos obtener información sobre cómo está funcionando y si se mantiene dentro de la zona rendimiento esperado. Pero antes de continuar quiero detenerme en una cuestión ¿qué entendemos por un canal de feedback? El feedback es la información que de una manera u otra obtenemos del sistema y que nos ayuda a conocer cómo está funcionando parte de sus componentes. Podemos tener canales de feedback que nos den información sobre los distintos elementos de un subsistema, sobre el uso que realiza un usuario de una aplicación, el grado de satisfacción de los clientes, etc. Podemos tener canales de feedback de cualquier parte del sistema, usuarios, clientes, procesos, software, hardware, etc.

Toda la información recogida por los distintos canales de feedback, debe ser tratada para que tenga una utilidad real para la compañía, ya que no sirve absolutamente de nada desplegar un sistema de monitorización que nos permita medir la ocupación de las CPUs de todas las máquinas, si no somos capaces de relacionar este consumo de CPU con las operaciones que están realizando los usuarios. Por tanto, es necesario procesar toda la información recogida por los distintos canales, para que puedan de alguna manera retroalimentar al sistema.

Existen dos estrategias a la hora de diseñar una arquitectura para nuestros canales de feedback de un sistema:

- Analizar de uno en uno, la viabilidad de abrir un nuevo canal, estudiando la calidad de la información que se obtiene del propio canal y el impacto que dicha información tiene sobre el Sistema. Esta visión restrictiva, requiere de más tiempo y su principal inconveniente es que podemos no descubrir la importancia de cierto canal que hemos pasado por alto.

- Abrir todos los canales que creamos útiles, para que sea el propio sistema el que evalúe su utilidad. Esta estrategia es mucho más ambiciosa que la estrategia anterior, requiere de más trabajo, pero nos puede ayudar a explorar aquellos canales que, en un principio pueden quedar ocultos. Presenta el inconveniente de que debemos analizar una mayor cantidad de información y esto puede provocar que entre toda esa información pasemos por alto aquella que es realmente importante.

Independientemente de que elijamos una estrategia u otra, lo importante es que debemos tener una actitud abierta a la hora de diseñar los canales de feedback para nuestro sistema, ya que nunca sabemos dónde puede nacer una nueva fuente de información útil que nos ayude, no solo a reducir riesgos, también a mejorar el rendimiento y/o funcionalidades del sistema.

Al incrementar los canales de feedback, estamos consiguiendo dos objetivos, por un lado, reducir el nivel de incertidumbre sobre el propio ciclo de vida del sistema y por otro lado, estamos incrementado el conocimiento que la organización tiene sobre el propio sistema, su funcionamiento y las posibles mejoras que se pueden aplicar.

> *Los canales de feedback nos permiten estar conectado al sistema para saber cómo se está comportando y cuantificar el desvío sobre el rendimiento esperado.*

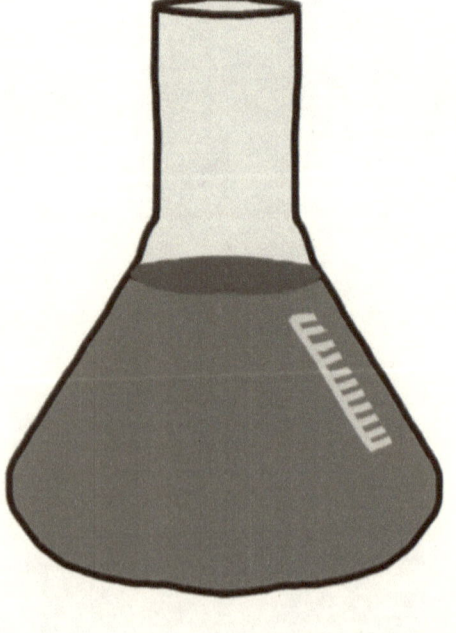

Experimenta y aprende continuamente

La tercera vía propuesta rompe con uno de los axiomas que ha imperado en la mayoría de los departamentos de Operaciones IT durante muchos años.

Si funciona, no lo arregles.

Este principio ha servido para evitar muchos problemas y asegurar, en la medida de lo posible, la estabilidad de una plataforma IT, dicha estabilidad se traducía en un aumento de la disponibilidad, que como he comentado en algunos de los puntos anteriores, está relacionada directamente con los objetivos planteados para el departamento de Operaciones.

Aunque no puedo negar los beneficios que ha supuesto para la estabilidad y la disponibilidad, esta forma de entender la operación de los sistemas, también tiene una cara negativa, hablo de los problemas provocados por la obsolescencia de parte de sus componentes. Si entendemos que todos los elementos de un sistema tiene un ciclo de vida y que terminado este ciclo de vida, entran en una fase de obsolescencia, que requiere que los sustituyamos o los actualicemos, es en este momento, en el que pueden aparecer problemas de estabilidad para la plataforma.

Al ser un sistema en el que todos sus componentes, trabajan de manera más o menos coordinada, tener que cambiar uno de estos elementos, puede tener un impacto negativo en otros elementos del sistema con los que interacciona el que estamos actualizando. Este impacto negativo suele desembocar en una falta de rendimiento del sistema o algo peor, la aparición de incidencias fantasmas, lo que terminará afectando a la calidad que perciben los usuarios del sistema.

Por tanto, la tercera vía nos propone que rompamos esta visión tradicional en las áreas de operación, en favor de un nuevo axioma:

Si funciona, mejóralo.

No importa lo bien que funcione un sistema, siempre existe algo que se puede mejorar y en entornos complejos como son los Sistemas de Información, donde existen una cantidad enorme de elementos, siempre podemos aplicar una mejora.

DevOps nos propone un cambio de actitud frente a nuestra visión estática del sistema, para que adoptemos un enfoque más dinámico, que nos permite aprender del propio sistema y que este aprendizaje nos ayude a establecer una estrategia para conseguir evolucionar el sistema en función de las necesidades que demande el negocio.

Plantear una evolución continua del sistema, ayuda a las organizaciones a disponer de una herramienta flexible que se ajusta en el menor tiempo posible a sus necesidades, con el consiguiente impacto positivo que tiene esta estrategia para el negocio.

Mantener un análisis continuo del Sistema, que nos ayude a identificar aquellas pequeñas mejoras que nos permitan evolucionar del Sistema, pero de manera continuada. De este proceso de mejora continua asociado a la experimentación, nace una consecuencia que es el aprendizaje continuo, lo que nos permite nuevas mejoras inducidas por lo que hemos aprendido y gracias a este proceso cíclico, el sistema evoluciona de manera gradual, evitando llegar al periodo de obsolescencia de sus componentes.

> *La mejora y el aprendizaje continuo nos ayuda a tener un sistema vivo, que se ajusta mejor a las demandas del negocio #DevOps*

DevOps está orientado al negocio

Es bastante frecuente asociar la cultura DevOps con las herramientas disponibles en el mercado. Este error en el planteamiento de la cultura DevOps está consiguiendo inducir la idea que DevOps tiene como objetivo solucionar un problema de tecnología. Por ejemplo, si tenemos un problema en nuestra forma de desplegar aplicaciones, con una herramienta como Jenkins mejoraremos nuestro proceso para desplegar las aplicaciones. Es cierto que herramientas como Jenkins nos ayuda a mejorar el proceso de despliegue, pero realmente el beneficio de utilizar herramientas como Jenkins no lo disfruta directamente el área de tecnología, realmente podemos hacerlo de otra forma, el beneficio es para el negocio, ya que podemos reducir el tiempo de gestión de los despliegues de código y reducir el tiempo total de desarrollo de un producto.

Esta es la razón por lo que se dice que DevOps está orientado al negocio, porque su objetivo no es cambiar la forma en la que trabajamos en tecnología porque tengamos un problema, sino que nos reta a que cambiemos nuestra forma de trabajar para poder impactar de manera más positiva sobre el negocio.Es cierto que el ámbito de actuación de la cultura DevOps es la tecnología, pero los resultados deben tener impacto sobre el negocio. Porque es realmente el negocio el que tiene el problema cuando en IT las

Capítulo 3 – Cultura DevOps

cosas no funcionan como se le demanda desde la compañía.

El objetivo es mejorar el sistema de manera que el servicio que ofrece al negocio esté alineado de manera permanente con el negocio. No se trata de aplicar tal herramienta o tal otra, las herramientas son solo herramientas y no tendremos una carpintería por comprarnos un martillo. Esta es la esencia del movimiento DevOps, debemos utilizar las herramientas como lo que son, los vehículos para conseguir cumplir con unos objetivos, que no son el uso en sí de la herramienta, sino la mejora continua del sistema y para cumplir con este objetivo, necesitamos estar orientados permanentemente hacia el negocio.

> *#DevOps no pretende solucionar un problema de tecnología, sino un problema en el negocio.*

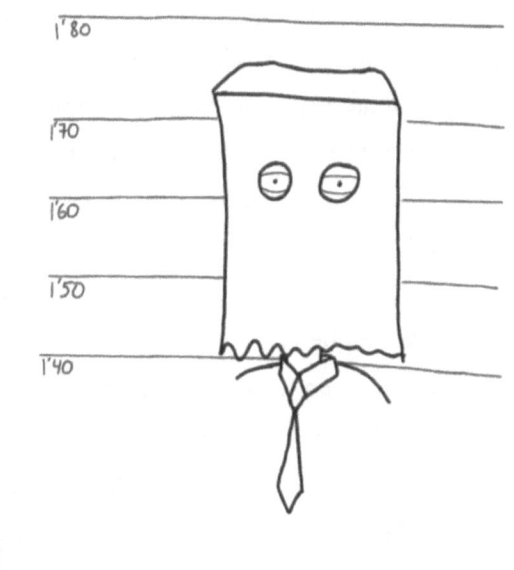

Capítulo 3 – Cultura DevOps

Se busca DevOps

Cuando un movimiento o tecnología se pone de moda dentro del mundo IT, como todo, tiene una parte positiva y otra negativa. Lo positivo es que la popularidad del concepto o la idea, tiene un efecto expansivo que le permite llegar a mucha más gente y esto para un movimiento como DevOps es importante, ya que no se trata de una metodología auspiciada por una entidad que se pueda encargar del proceso de difusión. DevOps funciona de una manera más tradicional, de boca en boca. Como no existe una metodología, el proceso de adopción de la cultura DevOps se basa en el trabajo de evangelización tanto interna en las organizaciones, como externa en los distintos eventos que se organizan para discutir sobre la cultura DevOps.

Pero la parte negativa de que sea una palabra de moda, es que suele aparecer en ocasiones en contextos equivocados, lo que genera confusión y suele tener un efecto negativo sobre la impresión que la gente en general pueda tener de la cultura DevOps. Uno de los ejemplos más claros sobre el uso equivocado que se está haciendo del término DevOps, lo encontramos en los cientos o miles de anuncios que aparecen diariamente en cualquier web de empleo. Podemos encontrar anuncios en los que se demandan profesionales con un perfil DevOps. He cogido un anuncio real para el ejemplo:

Se busca perfil DevOps:

- Al menos 4 años de experiencia en puesto similar.
- Conocimientos avanzados de infraestructura.
- Sistemas Operativos: Linux.
- Redes: Configuración de redes virtuales, segmentación, proxies inversos.
- Servidores de aplicaciones y web: Tomcat, JBOSS, Apache, NginX...
- Infraestructura sobre Amazon EC2, S3 y en redes privadas basadas en OpenStack.
- Gestión de la Configuración de Infraestructura con Ansible, Puppet.
- Conocimientos avanzados de scripting bajo Linux: Bash, Perl, Python...
- Herramientas de construcción y despliegue: Bamboo y Jenkins.

Si tenemos en cuenta, que la cultura DevOps pretende promover la comunicación entre las personas de los equipos IT, que nos invita a que percibamos el sistema como un todo y que deberíamos estar experimentando y aprendiendo continuamente del propio sistema, me surgen varias cuestiones sobre el anuncio anterior:

- ¿DevOps es la persona o la cultura del departamento?
- ¿Soy DevOps si conozco herramientas como Chef o Puppet?

Capítulo 3 – Cultura DevOps

- ¿Por qué no se solicitan capacidades como comprensión, empatía, capacidad negociadora o buena comunicación?

Realmente DevOps no va de Puppet, Bamboo, Jenkins, Python o Linux, por la sencilla razón de que no se trata de un movimiento de herramientas, sino que va de personas y la forma en las que estas personas se comunican y trabajan, para que el sistema funcione. Por tanto, si DevOps va de personas ¿por qué buscamos DevOps en función de las herramientas? La respuesta es que en IT trabajamos con herramientas y por tanto se valora la aptitud frente a la actitud, es cómo hemos funcionado hasta ahora. Creo que sería más correcto reescribir la oferta de la siguiente forma:

Se busca persona con perfil técnico que comparta los principios del movimiento DevOps:

- Comunicación activa, que no le importe hablar con la gente.
- Capacidad para innovar.
- Visión crítica de los procesos y procedimientos.
- Quiera aprender el negocio de nuestra organización.
- Conocimientos técnicos en Puppet, Chef, Jenkins, Python, Linux, Solaris, AWS, etc.
- Tenga curiosidad e inquietud por aprender.
- Pueda trabajar en equipos heterogéneos.
- Tenga una actitud colaboradora en el día a día.
- Sea una persona con empatía.

Contemplando ambos anuncios, ¿cuál crees que se ajusta mejor al propósito de reclutar gente para un equipo DevOps? El primero se centra en conocimientos técnicos de herramientas, pone el foco en las aptitudes de los candidatos, en los conocimientos que puedan tener sobre una u otra herramienta, pero esto no es DevOps, es ingeniería de sistemas. El segundo anuncio se centra en buscar personas con cierta actitud, aunque también hace referencia a herramientas (no debemos olvidar que vamos a trabajar en un ambiente técnico, en el que hay herramientas, máquinas, lenguajes de programación, etc.), el peso de la oferta la tiene la actitud, no la aptitud, del candidato, por una razón, es más fácil enseñar tecnología a una personas que cambiar su forma de ser.

Por tanto, si estás pensando que DevOps puede ayudarte a incrementar el rendimiento del negocio de tu organización, no empieces poniendo un anuncio como el primer ejemplo, porque lo único que conseguirás, será contratar gente con unos conocimientos extraordinarios en herramientas que quizás tu organización no necesita. Empieza por analizar qué perfil de persona encaja mejor en los equipos que quieres formar y cuáles son las actitudes/aptitudes que esta persona deben cumplir, para que los principios del movimiento DevOps puedan arraigar en tu organización.

> #DevOps no va de herramientas ni metodologías, va de personas y la relación de éstas con el sistema.

deja de mirar tu ombligo

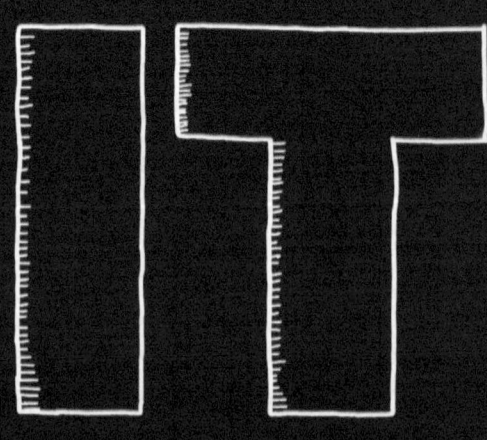

Deja de mirar tu ombligo IT

En los últimos treinta años, los departamentos de IT han recorrido el tortuoso camino desde la periferia de las compañías, hasta conseguir convertirse en el núcleo de muchas organizaciones, por no decir todas. Hoy en día, la dependencia que cualquier organización tiene de los sistemas de información es tan grande, que los departamentos de IT se han convertido en áreas estratégicas para el desarrollo del negocio. Como ejemplo, reflexione durante unos minutos, qué harías si mañana al llegar a tu puesto de trabajo, no hubiera PCs, redes WIFI, aplicaciones, servidores, acceso a internet, etc. Seguramente viviría una experiencia al más puro estilo *Walking Dead*, El caos más absoluto se apoderaría de la compañía y sería totalmente inviable poder continuar con la actividad normal.

Como resultado de esta dependencia, las compañías se han visto obligadas a colocar a IT en el núcleo de la organización. Esto ha supuesto un cambio importante en la forma en la que IT se relaciona con el resto de la compañía. Hemos pasado, en estos treinta años, de estar en los sótanos, junto a las cajas de suministro de oficina, atendiendo las necesidades de los usuarios y con un presupuesto ínfimo, que en muchos casos estaba por debajo de las necesidades reales. A escalar niveles dentro de la jerarquía de la organización.

Capítulo 3 – Cultura DevOps

Pero no estoy hablando solo de un cambio en la jerarquía, también ha supuesto un cambio en la propia cultura corporativa de las organizaciones, ya que en IT, hemos pasado de adaptar la tecnología al negocio de la organización, a transformar el propio negocio para que se pueda aprovechar los beneficios de la tecnología. Ha sido este nuevo enfoque el que ha propiciado, tanto el crecimiento de IT dentro de la organización, como la transformación de las compañías para adaptarse a la demanda del mercado.

Aunque es indudable el impacto positivo que los departamentos de IT han tenido para el desarrollo de los nuevos negocios, este movimiento desde la periferia hasta el núcleo ha supuesto también un cambio en la percepción que los departamentos de IT tienen de sí mismos. En muchos casos, esta percepción se ha convertido en una imagen egocéntrica sobre lo importante que somos para el negocio y la necesidad que tiene el negocio de adaptarse a la tecnología y no al contrario, y como resultado de esta visión egocéntrica hemos llegado a pensar que es la compañía la que se debe adaptar a IT y no al contrario. Este enfoque equivocado sobre qué es IT y cuál es nuestra función dentro de las organizaciones, ha provocado en muchos casos, una desalineación entre los objetivos del negocio y los objetivos de los departamentos de IT. Convirtiéndose en muchas ocasiones, en un verdadero lastre para la evolución de la compañía y la competitividad de su negocio.

Uno de los objetivos que debemos establecer a la hora de plantear DevOps como cultura dentro de nuestro departamento, es poder transformar la visión recíproca que tienen IT y la propia organización. Este proceso de transformación no será un viaje sencillo, pero como todos los viajes comienzan con un paso y este paso debe consistir en generar un cambio en la forma en la que IT se relaciona con el resto de la compañía. El objetivo es que en IT dejemos de mirar nuestro grande, bonito y caro ombligo IT, para que atendamos a las necesidades del negocio. Trabajando en solucionar los problemas reales de la organización, reduciendo los costes e incrementando el rendimiento de los recursos IT.

El reto para IT es conseguir dejar de mirarnos nuestro ombligo y comprender que las compañías no existen como cobertura para nosotros, sino que somos nosotros los que debemos aportar valor al negocio de la organización, explorando nuevas oportunidades para el negocio, aprovechando al máximo los recursos disponibles, ofreciendo la solución que mejor se ajuste a la necesidad del negocio, cambiando nuestra propia percepción sobre éste e intentando alinear nuestra tecnología al negocio de la compañía.

> *El objetivo es que en IT dejemos de mirar nuestro grande, bonito y caro ombligo IT, para que atendamos a las necesidades del negocio.*

DEVOPS NO SIGNIFICA JEDI

No te vas a convertir en un Jedi

Existe mucha confusión sobre las ideas que están detrás del término DevOps, por la sencilla razón de que se trata de un término de moda y se está convirtiendo en una etiqueta cool que añadir a cualquier producto o metodología. Puedes leer muchas cosas sobre DevOps, desde que es el nuevo paradigma del mundo IT que ha llegado para solucionar todos los problemas de las áreas de tecnología, hasta que se trata de un perfil de super ingeniero, preparado para apagar cualquier fuego que pueda aparecer en la compañía.

DevOps tiene muchas cosas buenas, pero te aseguro que entre todas estas cosas buenas, no se encuentra la de convertirte en Jedi. Si tu compañía necesita un perfil Jedi, es que tiene un problema mucho más grande de lo que la propia compañía piensa y DevOps no va a poder ayudar en nada.

Ya he comentado, que DevOps es un movimiento que debe nacer desde el interior de la propia compañía, con el objetivo de generar una cultura IT propia, que tenga como base las tres vías. Por tanto, no se trata de convertir un perfil en otro tipo de perfil o de contratar personal externo para poner en marcha DevOps. Todo lo contrario, se trata de concienciar a la gente que debe colaborar, comunicarse, trabajar en equipo, eliminar las barreras que existan entre los departamentos, compartir el conocimiento, trabajar por y para el sistema, promover el aprendizaje continuo y todas aquellas acciones que ayuden a mejorar la forma en la que fabricamos el producto de nuestra organización.

Lo realmente importante es hacer que el equipo funcione, al practicar una cultura de la comunicación y la colaboración. Es un error pensar que gracias a DevOps podemos convertirnos en Jedi IT, capaces de resolver cualquier problema que aparezca, ya sea programar código en las aplicaciones, desplegar máquinas virtuales en la nube o automatizar procesos de despliegue de código. Cuidado con esto, porque mucha gente se acerca a DevOps con la intención de conseguir un bonito sable-laser y la esperanza de incrementar uu nivel de midiclorianos.

> *La cultura DevOps no te va a convertir en un maestro Jedi de IT*

Capítulo 3 – Cultura DevOps

Paz, amor y DevOps

Una de las ideas más extendidas sobre la cultura DevOps, es que se trata de un movimiento que promueve la comunicación entre las personas de los distintos equipos, con el propósito de reducir las fricciones que puedan existir, bien a causa de unas deterioradas relaciones personales, bien por un falta de entendimiento entre la forma de repartir tareas y/o responsabilidades en un proyecto. Ya sea por una razón u otra, la realidad es que la calidad de la forma en la que las personas se comunican dentro de una organización, es un factor clave para el buen funcionamiento de ésta.

Pero no nos confundamos, DevOps defiende la necesidad de incrementar la calidad de los canales de comunicación, tanto entre personas, como con el propio sistema y promueve que este proceso, sea un proceso que nazca dentro de los departamentos y alimentado por las propias personas que forman los equipos de IT, para que pueda germinar como el origen de una nueva forma de hacer las cosas dentro de la compañía. Es decir, no debemos entender el movimiento DevOps como un árbitro que se debe encargar de mediar en todos los conflictos que puedan existir y/o aparecer dentro de las áreas de IT.

Es un error caer en la idea de convertir la filosofía DevOps en una especie de *"casco azul"* que se interpondrá entre las personas, para evitar todo tipo de conflictos. Aún más grave es asumir que el objetivo de DevOps sea crear un ambiente idílico de fraternidad entre los distintos equipos, en el que el buen rollo sea la característica predominante. Y una vez que DevOps se ha impuesto como cultura, un arcoíris multicolor se instalará sobre el edificio de nuestra compañía de manera permanente, ya que todo será paz, amor y tranquilidad.

Tan perjudicial es para el funcionamiento de un equipo, el que existan fricciones que impidan una comunicación fluida, como el que se instale en la organización, un ambiente de felicidad y buen rollo ficticio, que impida tener una actitud crítica con la forma en la que se están haciendo las cosas.

Debemos intentar conseguir un término medio, entre la desconfianza y los roces que provocan una mala comunicación entre los equipos y el *colegueo* excesivo que impide a la gente proponer ideas críticas sobre cómo se podría mejorar la forma en la que se está trabajando. Por tanto, es necesario que la relación entre las personas se base en la confianza y la colaboración, sin intentar imponer ningún tipo de cultura del *buen rollo* que obliga a las personas a relacionarse de una manera que no es natural para el ambiente real.

> *No esperes que aparezca un arcoíris de felicidad sobre el edificio de tu compañía, #DevOps va de mejorar la relación entre las personas.*

Herramientas DevOps

Capítulo 4

Tus herramientas DevOps

Tengo que comunicarte dos malas noticias, aquí va la primera, si esperabas encontrar una lista de herramientas software del estilo Puppet, Chef, Ansible, Jenkins, Maven, Azure, Docker, etc. Lo siento, esta no es la lista que voy a comentar en este capítulo. Debido a la popularidad del término DevOps, muchos fabricantes están utilizando el término DevOps, para etiquetar algunas de sus herramientas software. Pero como estoy repitiendo a lo largo del libro, mi consejo es que intentemos entender DevOps como un conjunto de buenas prácticas, que van más allá de utilizar tal o cual herramienta software.

La otra mala noticia es que DevOps no es una metodología, por lo que no existe un conjunto de herramientas que nos ayuden a adoptar DevOps en nuestro departamento, pero esto ya lo sabrás de otras partes del libro. La noticia buena es que DevOps nos ofrece una caja de herramientas vacías que tendremos que ir completando nosotros mismos, en función de factores tales como, el negocio, los procesos, los recursos IT, el equipo humano, la estructura organizativa, etc.

Quizás pienses que esto de la caja de herramientas vacía es una mala idea, mi consejo es que cambies tu actitud, porque donde tú ves una limitación, otras personas ven una ventaja. Y esta ventaja

Capítulo 4 – Herramientas DevOps

es la de tener la libertad para poder trabajar con sus propias herramientas, sin las limitaciones de utilizar herramientas impuestas desde el exterior, que en muchas ocasiones no se ajustan a la necesidades demandadas por el negocio y que suelen ser buenas porque a otro le han funcionado, pero no sabes aún, si serán las herramientas idóneas para ti.

Voy a enumerar algunas de las herramientas que puedes incorporar a tu nueva y vacía caja de herramientas DevOps, y que pueden ayudarte en el camino de adopción de la cultura DevOps. Aunque es una lista totalmente orientativa, seguramente te será de mucha ayuda a la hora de plantear alternativas a los actuales procesos que funcionan en tu departamento de IT:

- Automatizar, automatizar y automatizar.
- Gestión de las configuraciones.
- Despliegue automático.
- Gestión de logs.
- Gestión del rendimiento.
- Gestión de la capacidad.
- Escuchar, hablar y compartir.

> Con DevOps debes construir tu propia caja de herramientas, con las herramientas que mejor se adapten a tu organización y al negocio.

Automatizar
Automatizar
Automatizar
Automatizar
Automatizar

Capítulo 4 – Herramientas DevOps

Automatizar, automatizar y automatizar

Mucha gente asocia el término DevOps con el concepto de automatización, y aunque la automatización es una herramienta tremendamente útil, no podemos simplificar la cultura DevOps, a un movimiento cuyo objetivo es la automatización de los procesos IT. La confusión entre DevOps y automatización nace de la percepción que existe en el mercado sobre el uso de ciertas herramientas software, que nos permiten automatizar procesos y los fabricantes están empleando el término DevOps para identificarlas.

Como he comentado en varios puntos a lo largo del libro, los sistemas de información están creciendo, tanto en tamaño como en complejidad. Este crecimiento obliga a las áreas de IT a crear cada vez más procesos automatizados, que no requieran de intervención humana, lo que tiene sus ventajas pero también tienen ciertos inconvenientes. La principal ventaja es que permite mantener el flujo de información dentro del sistema y de manera constante, y nos ayuda a cuantificar cualquier desvío que se pudiera producir entre la forma en la que está trabajando el sistema y la forma en la que esperamos que trabaje. Y la principal desventaja es que el proceso de automatización debe ser analizando en detalle, ya que si no conseguimos implementar la solución óptima, podríamos estar automatizando un proceso o tarea, que se podría convertir en un cuello de botella para el flujo de información. Veamos algunas de las ventajas más en detalle:

- La tarea se ejecuta siempre de la misma forma, en función de cómo la hemos programado. La tarea podría tomar sus propias decisiones incrementando la capacidad de adaptación del sistema.
- Se reduce el número de fallos relacionados con una interpretación equivocada por parte de las personas encargadas de ejecutar dicha tarea.
- Se reduce el tiempo de ejecución, al eliminar los tiempos de operación de los usuarios.
- Podemos establecer valores cuantificables para algunos de los parámetros de su ejecución, ya sea el tiempo que se ha empleado o la cantidad de recursos utilizados. Y utilizar estos parámetros para analizar la desviación que se pueda producir de los valores esperados.

Aunque en IT estamos acostumbrado a diseñar sistemas que integran tareas automáticas, y de hecho los sistemas funcionan de manera desatendida en la mayoría de los casos, existen ciertas tareas en las que podemos abordar un proceso de automatización, son tareas que tradicionalmente se han ejecutado de manera manual, pero que su automatización presenta una serie de ventajas que pueden ayudar a las áreas de IT a cumplir con las expectativas que la organización tiene de nosotros.

Capítulo 4 – Herramientas DevOps

Algunas de estas tareas, que tradicionalmente se han realizado de manera atendida y que podrían beneficiarse de las ventajas de la automatización:

- Creación de VM (Virtual Machine).
- Despliegue de aplicaciones.
- Acciones relacionadas con el plan de capacidad.
- Parar intentos de accesos no permitidos en las aplicaciones.
- Backups/Restores bajo demanda.
- Pruebas funcionales y de rendimiento.
- Gestión de configuraciones.
- Parcheado de SO.
- Rollback de aplicaciones.
- Redistribución de recursos entre entornos.
- Despliegue de entornos de desarrollo.
- Actualización de la CMDB.

Esta es una pequeña lista de ejemplos, de algunas de las tareas que hasta ahora realizábamos de manera manual. Seguro que muchas de ellas ya se ejecutan de manera automática en tu sistema, pero como he comentado antes, es solo una lista de ejemplo. Elije una de las tareas, que en tu caso, se haga de manera manual e intenta contestar a las siguientes preguntas:

- ¿Cuánto tiempo a la semana empleo para ejecutarla?
- ¿Cuántas veces nos hemos equivocado en alguno de los pasos al realizar esa tarea?

- ¿Cuánto tiempo ha estado esperando alguien de nuestro departamento o de otro departamento, a que finalicemos la tarea?

Si reflexionas sobre estas tres sencillas cuestiones, llegarás a la conclusión que estás perdiendo un tiempo precioso, haciendo un trabajo que se podría automatizar, además se reduciría el riesgo de cometer un fallo. Por no hablar del tiempo que puede estar esperando otra persona a que termine de ejecutarse la tarea.

Estas son alguna de las razones que explican la importancia de la automatización como herramienta DevOps. Primero porque nos permite aumentar nuestro conocimiento del sistema. Segundo, porque nos ayuda a construir un sistema más eficiente. Y tercero, porque la automatización de tareas libera a las personas de tener que emplear tiempo en tareas rutinarias, que no aportan valor al sistema. Este tiempo se puede emplear para estudiar mejoras y alternativas a las soluciones establecidas. Si no tenemos tiempo, difícilmente podremos estudiar soluciones y alternativas que nos ayuden durante el proceso de evolución del sistema. Es crucial para el sistema, que estudiemos todas aquellas tareas que sean susceptibles de ser automatizadas, con el objetivo de incrementar el rendimiento del sistema.

Los excesos se pagan

Por desgracia, la automatización también tiene un lado oscuro, todo no pueden ser ventajas. La parte negativa de la automatización es que una mala implementación de las tareas automatizadas puede generar más problemas que beneficios.

El principal problema que podemos encontrar en cualquier proceso de automatización es que focalicemos todo el esfuerzo en el proceso en sí y no tengamos en cuenta, la relación que tendrá con el resto de elementos y procesos del sistema. Por ejemplo, supongamos que estamos automatizando el proceso de aprovisionamiento de recursos IT, de tal forma, que permitimos a las aplicaciones adquirir recursos de manera automática. Si no tenemos en cuenta la relación que existe entre los recursos, el sistema podría comenzar la provisión, sin que exista un proceso de control sobre los recursos disponibles, que genere una alerta cuando el nivel de recursos esté por debajo de un umbral definido.

Otro ejemplo, estamos trabajando en la automatización del proceso de despliegue de aplicaciones. Montamos la infraestructura necesaria para que el equipo de desarrollo pueda desplegar de manera automática, sobre los distintos entornos en los que lo necesite. Por alguna razón, hemos puesto el foco sobre la automatización de los despliegues, pero hemos dejado de lado la implementación de controles, lo que provocará el despliegue de código con errores.

Capítulo 4 – Herramientas DevOps

Otro problema grave que nos podemos encontrar, es la pérdida del conocimiento sobre cómo funciona un proceso o tarea. Cualquiera que haya trabajado en operación, ha vivido una situación en la que una tarea está funcionando, pero nadie sabe cómo y/o porqué. No podemos considerar el proceso de automatización únicamente como un trabajo de creación de scripts o plantillas, que se aplican sobre distintos recursos. Tan importante como implementar el proceso, es mantener documentado todas las funcionalidades y requisitos, ya que con el paso del tiempo, si no tenemos documentado los procesos automáticos, el conocimiento desaparecerá.

Lo peor que puede ocurrir en un sistema es que no tengamos el conocimiento sobre cómo está funcionando, no importa que el sistema sea 100% automático, el problema es que sin el conocimiento no podremos hacer que el sistema evolucione y menos aún intervenir en caso de que se produzca un fallo.

Algo que debemos tener claro a la hora de garantizar el existo de automatizar una tareas, es que debemos implementar controles que nos ayuden a verificar que no se produce ningún tipo de desviación sobre el resultado esperado. Los controles son imprescindibles, ya que junto con el resultado de la tarea, es la única información que podemos obtener de la tarea.

> *La automatización es una herramienta potente para #DevOps, pero no puede convertirse en un fin.*

Capítulo 4 – Herramientas DevOps

Gestión de las configuraciones

Uno de los tres principios sobre los que se soporta la filosofía DevOps, es el de entender el Sistema como un todo y no como la suma de sus partes, esta idea además de tener una interpretación espiritual que transciende el contexto de este libro :) es el núcleo sobre el que se asienta toda la filosofía DevOps. Lo importante es el sistema, y para comprender cómo funciona debemos entender que se trata de un conjunto de elementos que interaccionan entre sí. Cada uno de estos elementos se comportará de una determinada manera, según los criterios que hayamos aplicado en su configuración.

Podemos decir que el sistema está formando por un conjunto de elementos que interaccionan entre ellos, según las configuraciones que hayamos aplicado. Es necesario que contemos con una base de datos para gestionar las configuraciones, es lo que en IT conocemos como CMDB (*Configuration Management DataBase*).

Contar con una CMDB es fundamental para comprender cómo funciona el sistema y cuál es el comportamiento que debemos esperar de tal o cual elemento. La realidad es que la CMDB es la asignatura pendiente de muchas áreas de IT, aunque conceptualmente es una idea sencilla, un almacén en que el guardar las configuraciones de todos los elementos IT del sistema, la realidad es que mantener una CMDB es un trabajo titánico si no se emplean los procedimientos adecuados. Los sistemas de información están en un proceso continuo de evolución lo que complica mantener una CMBD actualizada.

La CMBD es uno de los elementos que está creando cierta discrepancia dentro de la comunidad DevOps, por el debate que se ha suscitado sobre el enfoque de la implementación de la CMBD, digamos que existen dos escuelas DevOps sobre cómo implementar una CMBD:

- Crear un subsistema que almacene la información de todos los elementos que forman el Sistema. La CMBD se alimenta del sistema para actualizar los cambios que se produzca.

- No necesitamos un subsistema para implementar una CMBD, en el que redundar información que ya tenemos en el Sistema, porque podemos considerar al propio Sistema como la CMDB.

Espero que no aparezca una nueva guerra-santa sobre este tema, en IT somos muy dados a este tipo de discusiones. La realidad es que ambos enfoques son totalmente válidos, porque ambos cumplen el propósito esencial de una CMDB, que es mantener información actualizada sobre las configuraciones del Sistema. Dependerá de nosotros y la forma en la que nuestra compañía trabaja, el que adoptemos un modelo u otro.

Capítulo 4 – Herramientas DevOps

Si aplicamos el concepto de automatización que hemos visto en la sección anterior, a la gestión de las configuraciones, obtenemos una herramienta extremadamente potente, ya que nos permite reducir el tiempo y el riesgo de muchas de las tareas rutinarias dentro del sistema. La automatización de tareas relacionadas con la gestión de la configuración nos ayuda entre otras cosas a:

- Tener una visión real en todo momento sobre cómo están conectados los distintos elementos del Sistema. Podríamos automatizar los procesos de chequeo de las configuraciones de los elementos para mantener actualizada la CMBD.

- Regenerar los elementos en función de su configuración. En aquellos componentes que se encuentren en un estado de fallo o degradado, podremos aplicar las configuraciones activas para restablecer su estado original.

- Cambiar la funcionalidad de un elemento aplicando una nueva configuración para que desarrolle otro tipo de función dentro del Sistema, cambiando de manera dinámica el comportamiento del sistema.

- Disponer de un inventario de elementos del sistema que están cerca del fin de su ciclo de vida y la relación que tienen con otros elementos que no están cerca del fin de vida.

No importa si decidimos construir nuestra CMDB como elemento auxiliar del sistema o el sistema propiamente dicho, lo realmente importante, es que seamos capaces de articular el conocimiento disponible dentro de la organización, sobre el sistema de tal forma que no existan lagunas que pudieran ser fuente de problemas y lo que es peor, desconocimiento sobre cómo hacer más eficiente el sistema, que por otro lado, es lo que las organizaciones están demandando a sus áreas de IT.

> *No importa lo mala que sea tu CMDB, siempre será mejor que no tener CMDB.*

Despliegue automático

De todas las fases del ciclo de vida IT, sin duda la que genera más conflictos entre los equipos de desarrollo y operaciones es la de despliegue de código. Este es el momento en el que el código, en el que han estado trabajando los equipos de desarrollo se despliega en producción para que comience a ser utilizado por los usuarios.

Tradicionalmente se ha considerado como la fase caliente dentro del ciclo de vida del código, porque en aquellos equipos en los que no existe una comunicación fluida, que permita la colaboración entre todos, cualquier incidente durante la fase de despliegue se convierte en arma arrojadiza para levantar viejas rencillas. Además de todos los problemas derivados de una mala relación entre los dos equipos involucrados en el despliegue del código, debemos tener en cuenta que es un momento crítico para el producto, ya que una vez terminada la fase de despliegue, los usuarios tendrán acceso a la nueva aplicación o funcionalidad. Cualquier anomalía durante esta fase, tendrá un impacto directo sobre los usuarios, y por supuesto, también tendrá un impacto sobre la compañía.

Una buena estrategia para IT sería intentar reducir en lo posible el riesgo de que se produzca un problema durante la fase de despliegue. Para conseguir reducir el riesgo, podemos trabajar en dos líneas de actuación dentro de IT:

Capítulo 4 – Herramientas DevOps

- Reducir las fricciones Desarrollo-Operaciones.

- Analizar todas las tareas de la fase de despliegue, con el objetivo de eliminar cualquier riesgo que podamos detectar.

En la mayoría de los casos, la mejora forma de cumplir con las dos líneas de actuación anteriores, es plantear una solución de automatización del proceso de despliegue de código. La automatización de la fase de despliegue de código presenta una serie de ventajas que enumero a continuación:

- Se reduce el tiempo de despliegue, gracias a la automatización de todas las tareas.

- Se reduce el riesgo de fallos durante el proceso. No tenemos el factor de fallo humano.

- El proceso de roll-back es más rápido, dependiendo del tipo de código desplegado.

- Se reducen los problemas de fricciones entre Desarrollo y Operaciones, ya que el despliegue sigue un guion que ambos deben de haber aprobado.

- Permite realizar despliegues más pequeños y más frecuentes.

- Se reduce el impacto de los tiempos de indisponibilidad para los usuarios.

Automatizar los despliegues posibilita la adopción de metodologías ágiles por parte de los equipos de desarrollo, ya que el proceso de despliegue automático se puede aplicar al resto de entornos no productivos, lo que permite a los equipos de desarrollo poder generar tantas iteraciones de desarrollo como necesiten. Una ventaja de este planteamiento es que permite romper con otra de las fuentes constantes de problemas entre desarrollo y operaciones, el mantenimiento de los entornos no productivos. Gracias a los despliegues automáticos, los equipos de desarrollo no tienen que esperar a que operaciones realice el despliegue del código, son los propios equipos de desarrollos los que desplegan el nuevo código en los distintos entornos.

Otro problema que solucionamos gracias a implementar los despliegues automáticos es la mala calidad de los entornos no productivos. Es frecuente en las compañías en las que se utilizan un modelo tradicional de desarrollo y operación, que existen distintos entornos para que los equipos de desarrollo puedan desarrollar una aplicación. Por carga de trabajo, los equipos de operaciones suelen delegar en los equipos de desarrollo la gestión y administración de estos entornos, lo que desemboca en problemas con las versiones de software entre el entorno y producción, disponibilidad muy limitada de recursos lo que dificulta su mantenimiento, instalación de software que no está presente en producción, etc. Es decir, el equipo de desarrollo debe

Capítulo 4 – Herramientas DevOps

emplear tiempo en tareas como son las de mantenimiento del propio entorno, cuando todo sus esfuerzo y capacidad debería estar focalizada en hacer lo que mejor saben hacer que es desarrollar código para la plataforma.

> *El despliegue automático nos permite reducir tanto los tiempos de despliegue como el riesgo de cometer un error durante el proceso #DevOps*

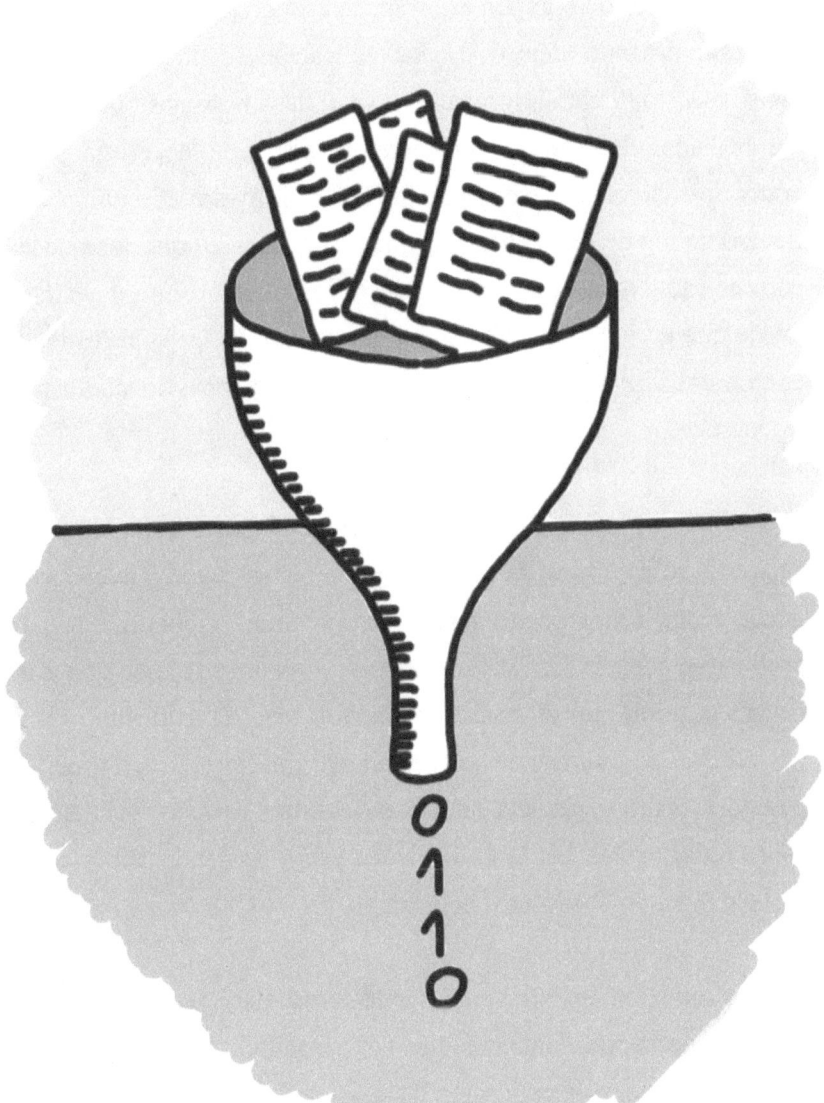

Capítulo 4 – Herramientas DevOps

Gestión de logs

Los ficheros de logs son esa ventana trasera que nos permite ver qué está pasando dentro de las aplicaciones. En ellos queda registrada toda la información, que las personas que han desarrollado el software consideraron que sería necesaria para poder rastrear cualquier anomalía en el software. Si miras un fichero de log de una aplicación que no conoces, lo que ves puede parecer caótico y aleatorio, porque la información que muestran puede que no tenga mucho sentido para nosotros, pero la realidad es que es información muy útil, siempre que sepas lo que estás leyendo.

El fichero de log ha sido la herramienta por excelencia para depurar errores e identificar problemas en el software, sabiendo lo que buscamos, nos puede ayudar de una forma rápida a detectar problemas, además los ficheros de log tienen la ventaja de que nos permiten mirar en el pasado para ver qué ha ocurrido. Esta posibilidad de estudiar el comportamiento de la aplicación en el pasado cercano, hace una hora o un día, nos ayuda a evaluar el alcance del problema. Si es algo que está ocurriendo ahora o se viene repitiendo desde hace unos días.

Los logs son un elemento fundamental para poder construir patrones de comportamiento que nos permiten, no solo conocer cómo se comportó la aplicación hace dos días, también nos pueden proporcionar una estimación sobre el comportamiento esperado en los próximos dos días.

El mayor inconveniente que presenta la gestión de los logs, es que los sistemas son cada vez más complejos y se emplean mayor número de elementos, ya sean software o hardware. Cada uno de estos elementos genera una cantidad concreta de información en modo de logs. Es necesario que tengamos la capacidad para recoger toda esta información, para poder analizarla. También tenemos que tener en cuenta, que los datos obtenidos del log de un elemento, tendremos que cruzarlos con los datos obtenidos del log de otro elemento, lo que genera aún más información gracias a estos cruces de datos.

El reto que presenta la gestión de logs es doble, por un lado debemos construir una solución con la que podamos garantizar, la recogida y almacenado de todos los datos generados por los ficheros de log del sistema. Por otro lado, tenemos el reto de poder bucear dentro de este océano de información, para detectar problemas, errores y patrones de comportamiento en los distintos componentes del sistema.

No debemos olvidar que es importante mantener una visión del sistema como un todo, lo que significa que un mensaje categorizado como *"warning"* en el log de uno de los componentes, puede ser una señal de un problema más grave en otra parte del sistema. Es necesario que la gestión de logs tenga la capacidad para correlacionar los eventos que se produzcan dentro del sistema y de esta forma, nos ayude a detectar problemas en elementos, causados por otros que no tengan una dependencia directa con éstos.

La gestión de logs nos permite crear canales de feedback con el sistema, gracias a los cuales, tendremos un mayor conocimiento sobre qué está ocurriendo en todo momento y cuáles son las posibles causas del comportamiento del sistema.

> *Poder gestionar de manera inteligente los logs de una plataforma ayuda a identificar problemas, errores y posibles desviaciones en el funcionamiento del sistema.*

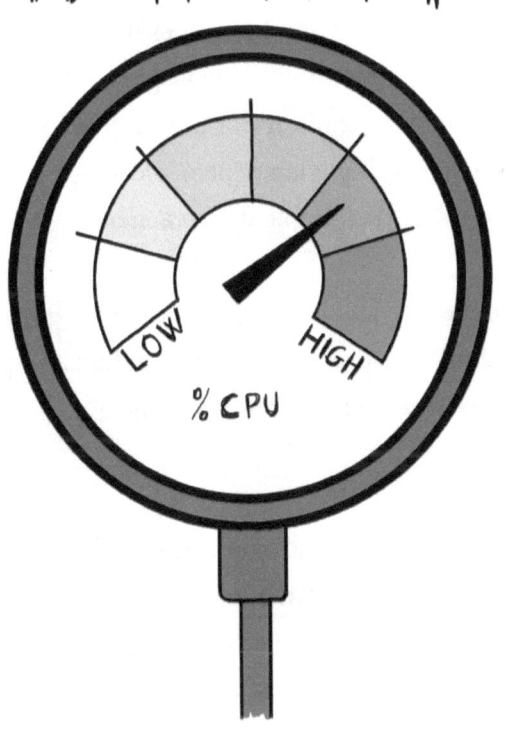

Gestión del rendimiento

Sobre el término rendimiento siempre ha existido controversia, porque se suele emplear en un contexto equivocado, sobre todo cuando estamos en un entorno IT. El error surge porque solemos confundir rendimiento y velocidad, decimos que una aplicación tiene un buen rendimiento, cuando vemos que los tiempos de respuesta de la aplicación son buenos, es decir, que los tiempos de respuesta de la aplicación, están por debajo de nuestras expectativas. Antes de explicar por qué la gestión del rendimiento es una herramienta importante para DevOps, voy a comentar algunas cosas sobre el concepto de *rendimiento*.

Para comprender en pocas palabras, el significado real del término rendimiento, escribiré abajo la definición que he sacado del diccionario de la Real Academia Española:

Rendimiento.
1. m. Producto o utilidad que rinde o da alguien o algo.
2. m. **Proporción entre el producto o el resultado obtenido y los medios utilizados.**
3. m. **cansancio** (‖ falta de fuerzas).
4. m. Sumisión, subordinación, humildad.
5. m. Obsequiosa expresión de la sujeción a la voluntad de otro en orden a servirle o complacerle.

Quedémonos con la segunda definición, por ser la que mejor se ajusta a lo que estamos buscando. Lo primero y más importante es que se trata de una proporción, es decir, un valor que se obtiene al dividir el resultado entre los recursos utilizados. Por tanto, el rendimiento no mide velocidad, ni tiempo, ni siquiera es una percepción subjetiva de algo, se trata de un valor definido por la relación que existe entre otros dos valores perfectamente definidos. No hay lugar a ningún tipo de interpretación fuera de la que podamos obtener al dividir estos dos conceptos.

Entonces, si no es velocidad, ni tiempo, ni tampoco una percepción subjetiva ¿qué mide el rendimiento? Mide la capacidad que tienen los recursos empleados para cumplir con el objetivo marcado, es decir, nos da una idea sobre la eficiencia de los recursos empleados. Vaya, suena bastante distinto a lo que solemos entender como rendimiento ¿verdad?

¿Por qué es tan importante aclarar este concepto? Porque podemos estar hablando de que el sistema tiene un factor de rendimiento muy alto, aunque el resultado para el usuario sea bastante pobre y viceversa. O que tengamos un factor de rendimiento muy bajo, en cambio el usuario percibe que la velocidad de respuesta es extraordinariamente buena. Pongo dos sencillos ejemplos:

Ejemplo A: Nos piden diseñar la infraestructura para alojar el backend de datos de 10 plataformas aplicaciones móvil. Por problemas con el presupuesto, solo contamos con dos máquinas en la nube, una la pondremos de frontend para los distintos API y la

Capítulo 4 – Herramientas DevOps

segunda como backend de datos con varios gestores. A muy groso modo, podemos ver claramente que la plataforma será insuficiente en muy corto plazo y que comenzarán los problemas de ¿rendimiento? Exacto, a corto plazo tendremos un problema con el rendimiento, pero no porque vayamos a tener un número elevado de peticiones, lo que supondría una ralentización de las operaciones en las máquinas y el consiguiente efecto de tiempo de respuesta alto para el usuario, sino que debido al número de máquinas que tenemos, no somos capaces de mantener los criterios mínimos establecidos para dar servicio, lo que termina afectando a los usuarios.

En este caso el problema es que el rendimiento, aunque es muy alto, porque estamos utilizando los recursos disponibles al 100%, no es suficiente para mantener la calidad del servicio y genera un problema con la percepción de los usuarios.

Ejemplo B: En este caso, no tenemos problemas con el presupuesto y hemos diseñado una infraestructura de 50 máquinas dedicadas a frontend y otras tantas de backend. ¿Tendremos problema de rendimiento? También tendremos problemas de rendimiento. Para el usuario la percepción será tremendamente buena, ya que la carga del sistema no llegará a afectar sus peticiones, por la sencilla razón de que la carga será relativamente baja. El problema de rendimiento que nos encontramos en este ejemplo nace de que estaremos empleando muchos recursos para obtener un resultado que podríamos obtener con menos recursos, es decir, estamos realizando un sobre coste en el diseño de la solución más óptima.

Esta aclaración del término es importante para entender por qué DevOps necesita de una gestión eficiente del rendimiento. Porque cuando escuchamos o leemos, que DevOps mejora el rendimiento de nuestra plataforma, no significa que gracias a DevOps nuestros sistemas vayan a ir más rápidos o que los tiempos de respuesta se vayan a reducir, significa que nos ayudará a incrementar su eficiencia, gracias a incrementar la comunicación, la colaboración y el conocimiento que tengamos del propio sistema.

Debemos abordar la *gestión del rendimiento* como un proceso con el que incrementar nuestro conocimiento sobre el sistema, y cuyo objetivo sea identificar aquellas partes que son susceptibles de ser mejoradas. Pero no solo se trata de mejorar el sistema, sino que debemos hacerlo en función de las condiciones que haya marcado nuestra organización, es decir, en función de los recursos que tengamos disponibles. Por todo esto, para DevOps es fundamental que como parte del proceso de mejora continua, analicemos qué elementos se pueden mejorar, pero no lo hagamos con la perspectiva de construir arcoíris, sino que tengamos los pies en el suelo, para no impactar negativamente a la compañía.

La gestión del rendimiento no es medir cómo de rápida es nuestra aplicación. Es analizar cómo de bueno es el uso que estamos haciendo de los recursos #DevOps

Gestión de la Capacidad

Un objetivo clave para cualquier organización es poder gestionar de manera eficiente los recursos disponibles. Para alcanzar este objetivo debemos conocer cuál es la capacidad de nuestra infraestructura IT, para poder cubrir las necesidades demandadas desde el negocio. Es necesario abordar la construcción de un plan de Capacidad, la primera pregunta que nos surge es ¿Qué es un plan de Capacidad?

"El estudio de la Capacidad que tiene una organización, para afrontar un aumento o cambio en la demanda de los bienes o servicios que provee a sus clientes."

El objetivo principal de un plan de capacidad es construir un plan director, con el que gobernar de forma eficiente la gestión de la Capacidad de la compañía. Planificando todas las acciones necesarias para reducir el impacto negativo que pueda tener un cambio en la demanda del negocio.

Los cambios en la demanda del negocio, no son eventos que una compañía pueda predecir con facilidad, por tanto el objetivo del plan de capacidad es ayudar a la compañía el poder afrontar con ciertas garantías un conjunto determinado de situaciones posibles.

Capítulo 4 – Herramientas DevOps

Algunos de los beneficios que obtendremos al realizar un estudio sobre la capacidad IT son:

- Analizar los costes, buscando el máximo rendimiento de cada uno de los componentes que intervienen en el desarrollo del Negocio, estudiando la Capacidad de los mismos para desarrollar las tareas en las que participan.

- Plantear alternativas tecnológicas que permitan a la infraestructura IT ser más competitiva.

- Analizar el cumplimiento de los niveles de servicio acordados para el desarrollo del Negocio.

- Plantear cambios en la infraestructura IT, que permitan que la organización puede ejecutar sus planes de estrategia con el mínimo riesgo posible.

- Ofrecer a los órganos de dirección una herramienta de apoyo a la toma de decisión, basada en parámetros reales que midan el rendimiento del Negocio.

- Enumerar los riesgos actuales de la infraestructura IT y el impacto que tendrá en el desarrollo del Negocio.

- Medir el rendimiento de los componentes de la infraestructura IT. Identificar componentes de la plataforma que sean poco productivos o que intervengan poco en el desarrollo del negocio y la mejor forma de sustituirlos.

- Disponer de una imagen real del estado de la plataforma IT y las distintas posibilidades de crecimiento de la misma.

- Aumentar el alineamiento entre Negocio y Tecnología.

- Evaluar la capacidad de todos los recursos de la organización para hacer frente a los cambios de la demanda del Negocio.

Disponer de un plan de Capacidad IT, permite a las organizaciones mantener el rendimiento más óptimo de los recursos disponibles, ya que posibilita planificar los ajustes necesarios para mantener la Capacidad y el cambio en la demanda totalmente alineados.

Un #CapacityPlanning ayuda a mantener alineados el binomio negocio-tecnología #DevOps

TO~DO
1 ESCUCHAR
2 HABLAR
3 COMPARTIR

Escuchar, hablar y compartir

La herramienta más potente que tenemos los seres humanos es la comunicación y es esta capacidad para hacer llegar nuestras ideas a otros, lo que nos permite formar un equipo competitivo.

Normalmente la comunicación se entiende como la capacidad para expresarnos, poniendo el foco en todas aquellas formas de expresión que nos permiten transmitir nuestras ideas. Pero la comunicación es algo más que hablar, de una forma más o menos correcta, tenemos que leer los mensajes que recibimos como feedback de nuestra propia comunicación, para poder ir ajustándola de la manera más adecuada a nuestro interlocutor.

El primer paso para comunicarnos es escuchar, sí exacto, lo primero que tenemos que hacer para comunicarnos es entender qué necesidad existe en el sistema, preguntando a los usuarios, clientes, compañeros, etc. Si comprendemos realmente la naturaleza de la demanda, entonces podremos aportar una mejora o solución, pero el primer paso consiste en poner a funcionar nuestro oído.

El segundo paso es hablar, es decir, expresar cual es nuestra idea para cubrir la necesidad que se ha demandado desde el sistema. Esta parte de la comunicación es importante, ya que dependerá tanto de nuestra habilidad para expresar una idea, como la capacidad de nuestro interlocutor para entenderla. Es necesario que evaluemos a nuestro interlocutor, para construir una comunicación a su medida, con un lenguaje ajustado a su parcela de conocimiento, evitando los circunloquios, los tecnicismos innecesarios o el contenido de relleno. Es frecuente asistir a reuniones en las que los distintos interlocutores utilizan la comunicación para demostrar el conocimiento que tienen sobre una u otra materia. Este tipo de comportamientos dificulta enormemente la comunicación, ya que crea barreras entre las personas y equipos que trabajan e interaccionan con el sistema.

Y por último, debemos compartir la información, la mejor forma de llegar a nuestros interlocutores, sean de la naturaleza que sean, es conseguir transmitirles transparencia, que no ocultamos nada y que nuestro único objetivo es conocer cuál es su necesidad para intentar solucionar la demanda. Por eso, es importante que planteemos nuestra estrategia de comunicación con el sistema, ya sean usuarios, clientes o compañeros, como un proceso en el que todas las partes obtienen un beneficio, ya sea en forma de solución para un problema, conocer una limitación o adquirir un conocimiento que antes no tenían sobre el sistema.

La herramienta más poderosa es la comunicación, es decir, escuchar, hablar y compartir. #DevOps

Las organizaciones

Capítulo 5

ORGANIZACIÓN

¿Qué es una organización?

Si eres de tecnología, déjame que comparta contigo un pequeño secreto sobre la percepción que puede tener la gente de negocio, sobre la gente de tecnología.

Son unos listillos que no tienen ni idea
del negocio de nuestra compañía

Este suele ser un tópico muy extendido dentro de las organizaciones, en las que se ve a IT cómo una herramienta necesaria, pero que no muestra demasiado interés por conocer qué se hace más allá de la frontera marcada por la tecnología.

Esta visión IT-céntrica suele acarrear muchos problemas para la organización, ya que erosiona la relación entre negocio y tecnología. Es importante para las áreas de IT, reflexionar sobre qué es y cuáles son los objetivos de nuestra compañía. Aquí va un curso acelerado de negocio para ingenieros.

Empecemos por la pregunta clave *¿Qué es realmente una organización?* Una organización es un grupo de personas con perfiles profesionales concretos, que junto a un conjunto de recursos, realizan una serie de actividades de manera coordinada, con el propósito de conseguir una serie de objetivos. Son este

Capítulo 5 – Las organizaciones

conjunto de objetivos, los que podemos identificar como el negocio de la compañía. Puede que no sea una definición muy ortodoxa, pero soy ingeniero y recuerda que es para ingenieros.

Puntos clave de esta sencilla definición:

- *Está formada por personas.* Lo más importante de una organización son las personas que la forman. De todo el sistema, las personas son la única parte, que por ahora, tiene un nivel de inteligencia suficiente para poder tomar decisiones importantes y creativas sobre la actividad de la organización.

- *Trabajan de manera coordinada.* Las organizaciones son sistemas complejos, formados por una multitud de componentes que interaccionan de una manera coordinada, es decir, existe un proceso de orquestación de los distintos elementos de una organización, que garantiza la armonía de las actividades.

- *Existe un conjunto de objetivos comunes para toda la organización.* Todos los componentes de la organización, personas, procesos, máquinas, aplicaciones, deben estar orientados a conseguir los objetivos comunes.

Si alguno de estos puntos te ha parecido iluminador sobre la percepción que tenías de tu organización, comprenderás por qué hay gente que te mira raro en la máquina del café, no es por tu camiseta de *Star Wars o Dilbert*, puede que sea porque no tienen la percepción de que estés lo suficientemente alineado con el resto de la organización. Si es tu caso, aquí van cuatro consejos para intentar mitigar esta situación.

- La mayoría de las personas aprecian una cualidad de los seres humanos y que todos podemos cultivar sin demasiado esfuerzo, la empatía. A la gente le gusta sentir que su interlocutor comprende su situación. Es una forma de verificar que la comunicación funciona. Si alguien viene a contarte un problema con alguna de las aplicaciones que usa, no lo hace por gusto, lo hace porque realmente tiene un problema. Seguro que a ti también te gusta que el departamento de recursos humanos te atiendan con cortesía cuando tienes un problema con la solicitud de tus vacaciones o tu nómina.

- Debes comprender que cualquier organización es en realidad un sistema complejo, en el que interaccionan una gran cantidad de componentes heterogéneos. La dependencia entre la organización y la información que maneja es tan grande, que las tecnologías de la información se han convertido en el núcleo de la mayoría de las organizaciones. Por tanto, podemos decir que el trabajo de las áreas de IT juega un papel crucial en el proceso de coordinación de las distintas actividades de la compañía. Aunque no debes olvidar que lo importante no es el área de IT, lo importante es lo coordinado que

Capítulo 5 – Las organizaciones

funcione TODO el sistema.

- El principal objetivo de toda la organización es que el negocio funcione, no debes perder de vista este objetivo nunca. Piensa siempre en la organización y los objetivos conjuntos, y no caigas en la autocomplacencia de cumplir con tu trabajo.

- Todos los días debemos tener presente el siguiente principio *"Todo se puede mejorar"*. No importa de qué oscuro rincón de la compañía estemos hablando, porque siempre podemos hacer algo para mejorar un proceso, una actividad, un canal de comunicación, etc.

IT debe esforzarse en comprender el negocio y estar alineado con los objetivos de la organización #DevOps

Capítulo 5 – Las organizaciones

Time-To-Market

Es el tiempo necesario para que el producto y/o servicio esté disponible en el mercado. Tengo que reconocer que es una expresión con ritmo fonético y que queda realmente espectacular como colofón en un PowerPoint, porque marca el momento a partir del cual la compañía pondrá en el mercado su nuevo producto. Time-to-Market es realmente la luz blanca al final del túnel, un reducto de esperanza después de semanas y/o meses trabajando para lanzar el producto.

Pero de la misma forma que para la gente de negocio *Time-to-Market* tiene una fuerte componente de esperanza. En general los ingenieros no tenemos una percepción tan positiva de este término, para nosotros *Time-to-Market* se traduce como *"No me importan tus problemas, el producto debe estar acabado antes de esta fecha, sí o sí"*. Puede que *Time-to-Market* no sea el término más apreciado en los departamentos de IT, pero hay que reconocer que, independientemente de la urticaria que nos pueda provocar el pronunciarlo, para el negocio, es absolutamente necesario establecer un hito, que marque la puesta en producción de un nuevo producto.

Las compañías cada vez tienen más competencia y los patrones de la demanda cambian continuamente. Esto obliga a optimizar los procesos productivos para cumplir dos objetivos, entregar un producto de calidad y en menos tiempo que nuestra competencia.

El equilibrio entre calidad y tiempo de entrega, es el secreto el éxito dentro de cualquier mercado. Si se produce un desequilibrio entre calidad y tiempo de entrega, la compañía comienza a tener problemas. Un producto con unos requisitos de calidad extraordinarios, necesita tiempo para desarrollarse, por tanto, a más calidad, más tiempo y viceversa. Si disponemos de poco tiempo para desarrollar el producto, la calidad de éste se verá reducida a los mínimos establecidos por la propia compañía.

En IT el objetivo común para los equipos de desarrollo y operaciones debe ser, siempre manteniendo los criterios de calidad establecidos por la compañía, reducir en todo lo posible el Time-to-Market, lo que ayuda a las áreas de negocio a presentar el producto en el mercado en el menor tiempo posible. Además si el ciclo de vida del producto está lo suficientemente optimizado, cualquier modificación que demande el negocio porque detecte una variación en la demanda, podrá ser ejecutada en el menor tiempo posible y puesta a disposición de los clientes tan rápido como lo necesiten.

La forma en la que se optimizan los procesos de desarrollo y operación de un producto, dependerá de la naturaleza del producto y de la compañía, pero existen un conjunto de buenas prácticas, que podemos seguir para intentar reducir el Time-to-Market:

- *Automatizar.* La automatización de todas aquellas tareas que no requieran de una supervisión explícita, ahorra una enorme cantidad de tiempo, no solo gracias a que el trabajo lo hacen procedimientos automatizados, sino que al eliminar intervención humana, reducimos la probabilidad de un fallo humano en el proceso.

- *Eliminar burocracia y filtros innecesarios.* En el modelo tradicional de paso a producción en cascada, los desarrollos van pasando por diferentes entornos en los que se realizan distintas pruebas y/o modificaciones. En algunas organizaciones, la burocracia necesaria para pasar de una fase a otra es tan grande que impacta directamente en el proceso productivo.

- *Reducir el tiempo necesario para proveer recursos.* Otra causa que incrementa el tiempo de puesta en producción es la provisión de recursos. No importa que el equipo de desarrollo intente codificar la mayor cantidad de código posible, si cuando necesitan recursos, por ejemplo, una máquina virtual para probar una nueva funcionalidad, desde operaciones se tarda en la provisión más tiempo del esperado.

- Simplificar el ciclo Crear-Testear-Usar.

Para reducir el Time-to-Market, hay que trabajar en reducir el proceso productivo #DevOps

RETURN On Investment

Capítulo 5 – Las organizaciones

ROI

Cuando estaba en la universidad estudiando mi carrera de ingeniería informática, nadie me avisó de uno de los mayores monstruos a los que tendría que enfrentarte una vez me incorporase al mundo laboral. Un enemigo que espera agazapado para saltar sobre la yugular de cualquier ingeniero desprevenido. Estoy hablando del ROI (*Return on investment*) o Retorno de la Inversión. Sin entrar en una definición estricta desde el punto de vista financiero, ROI representa el beneficio que se obtiene después de haber realizado una inversión, es decir, establece un indicador que cuantifique desde el punto de vista financiero cómo de buena ha sido la inversión que se ha realizado.

A los ingenieros nos gusta la tecnología lo mismo que a los financieros les gusta que justifiquemos cualquier tipo de inversión que solicitemos. No importa lo crítico que pueda ser un proyecto para la compañía, ni el esfuerzo que vaya a realizar el equipo de ingeniería para implementar la solución, tarde o temprano, estarán en una reunión con el equipo financiero y alguien preguntará sobre cuál es la estimación de ROI para el proyecto y por tu bien, espero que tengas una buena explicación. Si no convences a la gente que te tienen que autorizar la inversión, el proyecto estará acabado.

ROI lo podemos definir según la siguiente fórmula:

$$ROI = beneficio / inversión$$

Cómo área de ingeniería, tenemos poco peso sobre el componente *"beneficio"* ya que es un elemento que dependerá de muchos otros factores relacionados con otras áreas, como Marketing o Ventas. Pero sí, tenemos mucho que decir en el factor *"inversión"* ya que de nosotros dependen directamente los costes de la implementación que se vaya a realizar.

Para las compañías es cada vez más importante realizar inversiones a las que se les pueda sacar el mayor beneficio posible, por lo que es responsabilidad de las áreas de IT, garantizar el rendimiento de estas inversiones, mediante las soluciones IT que mejor se adapten al negocio de nuestra organización.

Para intentar reducir la inversión en un proyecto IT, podemos emplear las siguientes acciones:

- *Reutilizar.* Gracias a tecnologías de *virtualización* y *thin-provisioning*, podemos reducir la inversión inicial de los proyectos hasta que entre en una fase de maduración que justifique un incremento de la inversión. Ambos métodos nos permiten reutilizar recursos de manera más eficiente.

- *Automatizar.* La eliminación de las tareas repetitivas manuales, por procedimientos de automatización, permiten reducir los tiempos de despliegue y provisión de recursos, lo que reduce la cantidad de horas imputadas a un proyecto.

Capítulo 5 – Las organizaciones

- *Optimizar* los procesos IT para reducir la cantidad de recursos necesarios.

Pero el factor clave para incrementar el rendimiento de la inversión IT, es tener un profundo conocimiento sobre el sistema, que nos permita identificar aquellos puntos en los que podemos aplicar mejoras.

> *En muchos casos el ROI nos puede indicar cómo de alineadas están las soluciones IT con las necesidades del negocio*

Capítulo 5 – Las organizaciones

Ambiente laboral

Por naturaleza las personas solemos adoptar una actitud proteccionista en aquellas situaciones en las que percibimos cierto nivel de hostilidad. Es una respuesta que está grabada en nuestros ADN y que nos ha permitido convertirnos en lo que somos. Se llama instinto de supervivencia.

Seguro que en algún momento de su vida, de manera consciente o inconsciente, ha reaccionado de manera agresiva como respuesta a una situación que consideraba hostil, un empujón al salir de un ascensor, alguien que utilizaba un tono demasiado alto para dirigirse a usted, el niño que le dio un balonazo en el patio del colegio cuando estaba en la escuela, etc. En ambientes hostiles, los seres humanos solemos actuar con acciones, que otras personas podrían considerar agresivas y que no son otra cosa que la respuesta de nuestro instinto de supervivencia.

El ambiente que exista en nuestro lugar de trabajo condicionará nuestra percepción sobre nuestros compañeros, e influirá en la forma en la que nos comportamos con ellos. Si por alguna razón, nos sentimos agredidos de alguna manera, nuestra respuesta estará condicionada por factores como nuestra propia personalidad, el nivel de hostilidad que percibamos, la relación que tengamos con la otra persona o lo viable que sea para nosotros encontrar una salida para esta situación. El problema es que el ambiente condicionará nuestra relación con los compañeros, haciendo que la comunicación entre nosotros sea cada vez más complicada, debido a los recelos y prejuicios con los que hemos ido alimentando nuestra percepción de la otra persona.

A lo largo de mi carrera he trabajado en distintas empresas, en algunas el ambiente que se respiraba entre los equipos de desarrollo y operación rezumaba tanta agresividad, que hacía imposible la comunicación y como resultado, la colaboración era casi nula. Este problema de comunicación fue la causa de muchos de los problemas que sufrió la organización, ya que la calidad del producto que debía ofrecer el área de IT, se vio afectada por las carencias en la comunicación entre desarrollo y operaciones.

En cambio, cuando el ambiente era distendido y la comunicación fluida, la colaboración entre ambos equipos generaba un incremento extraordinario en la calidad de los productos que ofrecía el área de IT. Pero no solo el producto era el beneficiado, la gente aprendía más y aportaba más, lo que repercutía tanto en el producto, como en la propia organización, por no hablar del beneficio que obtienen las propias personas.

Y aquí es donde aparece la primera reflexión ¿qué es el ambiente laboral? ¿Cómo podemos mejorar el ambiente en el que trabajamos? No es fácil responder a estas preguntas, porque las personas percibimos nuestro entorno de una manera subjetiva, y es en esta línea en la que debemos trabajar, en entender cómo la gente percibe el ambiente de su trabajo.

Capítulo 5 – Las organizaciones

Gracias a la difusión de la imagen, que empresas como Google dan sobre su ambiente laboral, la solución podría ser tener futbolines y una habitación llena de pufs para relajarnos, pero esto no dejan de ser cosas. Si le preguntamos a la gente, lo que realmente te responden, es que para ellos lo importante es que puedan relacionarse de manera fluida con el resto de sus compañeros. Lo importante para las personas no es disponer de un futbolín o tener una sala de lectura con puffs, lo importante es que exista una comunicación real con los compañeros y que esta comunicación sea la base de la relación entre los distintos equipos.

DevOps nos propone focalizar parte de nuestro esfuerzo en incrementar la comunicación entre los equipos de desarrollo y operación. Con el objetivo de eliminar asperezas y conseguir una colaboración continua entre ambos equipos. Como resultado obtendremos como producto, un ambiente de trabajo más placido, que nos ayude a reducir el nivel de alerta de nuestro instinto de supervivencia, es decir nos ayudará a generar un buen ambiente laboral.

> Si le das a elegir a la gente de la compañía, entre empatía y puffs, la gente siempre elige empatía.

Z Z
 Z Z
  Z Z
   z z
    z z

reuniones

Capítulo 5 – Las organizaciones

Las reuniones

La comunicación es la columna vertebral sobre la que se apoyan todos los principios de la cultura DevOps. Como ocurre con muchas cosas en esta vida, tan malo es el exceso como el defecto y con la comunicación suele ocurrir esto, que o bien no existe suficiente comunicación, por culpa de canales de mala calidad, falta de cultura corporativa, etc. O por el contrario, la comunicación se realiza de manera abusiva, lo que provoca problemas por saturación.

Hay que buscar un término medio durante el proceso de construcción de nuestros canales de comunicación. Cuando no somos capaces de alcanzar este objetivo, aparecen los problemas. De todos los canales de comunicación que podemos utilizar, existe uno que considero especialmente peligroso, por lo arraigado que está en la cultura de muchas organizaciones, me refiero a las reuniones.

Las reuniones pueden ser uno de los mayores enemigos de la productividad, son trampas en las que podemos caer si no tenemos cuidado y que pueden arruinar un perfecto día de trabajo. Todos hemos estado alguna vez en una reunión en la que no deberíamos estar, pero a la que nos invitaron por una u otra razón más o menos trivial:

- Te he invitado por si hablamos de este tema.

- Te he invitado para que te suene de qué va el proyecto.
- Te he invitado porque tu jefe no puede venir.
- Te he invitado por si me preguntan sobre esto.
- Te he invitado porque ellos van a ser siete y nosotros solo cinco.
- Te he invitado porque la gente del departamento X me han pedido que asistas.

Tienes que reconocer, que alguna vez has estado en una reunión por alguna de estas razones y te has aburrido de manera soberana, además de que has perdido un tiempo precioso de trabajo, el cual tendrás que recuperar más tarde.

Nunca me han gustado las reuniones, siempre he considerado que en su mayor parte son una pérdida de tiempo, en la que pocas veces se consigue nada y que solo sirve para que la gente hable y hable y hable, para terminar con un clásico de la pérdida de tiempo.

> *"Si os parece, os mando el acta de la reunión y la convocatoria para decidir qué vamos a hacer."*

Esto sí que es el colmo de la pérdida de tiempo, tener una reunión de la que nace otra reunión, lo que termina siendo un efecto Muñecas Matrioskas. Las reuniones deben cumplir con una serie de puntos para que puedan ser productivas:

Capítulo 5 – Las organizaciones

- Invitar únicamente a la gente que realmente tiene que aportar algo y que tiene capacidad de decisión. Evitar invitar a los "*oyentes*" o personas delegadas sin capacidad de tomar decisiones.

- Comenzar estableciendo los puntos a tratar. Es importante que no nos salgamos de la agenda de la reunión, porque las reuniones sin agenda son perfectas para terminar divagando sobre lo bueno y lo malo de la vida.

- Exponer los distintos puntos en orden. Seguir un orden de exposición, evitando saltar de un punto a otro.

- Escuchar los comentarios/réplicas. Es fundamental que la comunicación sea bidireccional para escuchar en el momento a los otros participantes.

- Hacer un resumen de lo hablado. Terminar con un breve resumen de lo que se ha tratado, para que sea la base sobre la que se construirá el acta de la reunión.

- Enviar el acta de la reunión a los participantes. Un error muy común y que dispara la creación de una nueva reunión, es mandar el acta a gente que no ha participado, por ser jefes o personas que ha estado ausentes, el problema es que algunas de estas personas puede demandar que se organice una nueva reunión porque no está de acuerdo con uno de los puntos.

Si todas las reuniones siguieran este esquema, no habría tanto dinero tirado por la alcantarilla en las compañías, sí, dinero tirado, porque las reuniones tienen un coste y es necesario que seamos consciente de ello, porque invitar a reuniones es gratis, solo tenemos que meter una dirección de correo más en nuestra herramienta de tareas.

Resistencia al cambio

El proceso de transformación que están realizando muchas compañías, tiene muchos obstáculos que hay que salvar, pero el peor de todos estos obstáculos es con mucha diferencia, la resistencia al cambio que la propia organización tiene en su propio seno.

Las áreas de IT no son ajenas a este problema. Como otras partes de la organización, están formadas por personas con distintas formas de entender el cambio y no todas muestran la misma disposición. De hecho, en el área de IT se acentúa esta resistencia, por ser una de las áreas que, de forma más activa, participan en el proceso de transformación, ya que es en IT dónde nacen muchas de las acciones del proceso de transformación.

Es crucial para la compañía trabajar en una línea, que permita reducir al mínimo la resistencia al cambio que puedan mostrar personas o equipos. Una buena comunicación permitirá a todo el mundo, conocer el alcance real del proceso de transformación. Porque independientemente de la percepción de cada uno, el principal problema para vencer la resistencia al cambio es la falta de comunicación. Si la organización tiene pensado por ejemplo, externalizar parte de la actividad de IT, lo mejor para toda el área de IT es que se explique cuál será el proceso de externalización y cómo afectará a los procesos de negocio, de una forma clara y transparente.

Capítulo 5 – Las organizaciones

Es cierto que para este caso de ejemplo, la alarma que generará dentro del área sería considerable, pero reflexionemos sobre la posibilidad de no realizar un ejercicio de transparencia, la rumorología terminaría adueñándose de la situación y conduciría a mucha gente, a tomar la decisión de abandonar el departamento. Gente que quizás entraba dentro de los planes de reestructuración o quizás no.

> La resistencia al cambio es la quinta columna en cualquier compañía, ya que se opone al proceso de transformación que permite ajustar negocio y demanda.

DevOps es cultura para corporaciones

Muchas organizaciones están apostando por la adopción de DevOps, como parte de su propia cultura corporativa. Principalmente se trata de pequeñas y medianas empresas, ya que gracias a su tamaño y al nivel de inercia que tienen, pueden plantear cambios como los que propone DevOps y obtener resultados en un corto o medio plazo.

Pero el verdadero reto para el movimiento DevOps, está en las compañías de gran tamaño. En las que el volumen de la propia organización, tiene una inercia adquirida a lo largo de muchos años, que complica de manera significativa un cambio de mentalidad en sus empleados. El problema en muchas corporaciones es que los empleados llevan tanto tiempo haciendo las cosas de la misma manera, que es tremendamente complicado para ellos adoptar una actitud abierta, frente a un cambio en la cultura corporativa.

A primera vista, DevOps puede resultar una idea tremendamente disruptiva, sobre todo en grandes entornos como el de una corporación. Pero este carácter disruptivo se atenúa si entendemos que no es el objetivo de DevOps alterar la estructura organizativa, unificando departamentos, creando equipos de DevOps, etc. El objetivo es concienciar sobre la necesidad de

Capítulo 6 – DevOps en tu organización

cambiar la forma en la que nos comunicamos dentro de las áreas de IT y esta es realmente la idea disruptiva, romper las barreras entre las personas y las áreas, para fomentar la colaboración de todos los equipos de IT.

Aunque en una primera aproximación a DevOps, nos puede condicionar el tamaño de las áreas en las que trabajamos, debemos tener en cuenta, que el tamaño no es importante para adoptar DevOps. La razón de que no importe lo grande que sea un área para abrazar DevOps como cultura corporativa, estriba en la forma en la que los seres humanos nos comportamos cuando pertenecemos a un grupo, solemos seguir al líder (al fin y al cabo somos mamíferos) y nuestra resistencia al cambio se reduce si percibimos que parte del grupo también acepta el cambio.

Es importante contar con gente dentro de los equipos IT, que realice un proceso de evangelización sobre las bondades del movimiento DevOps. Estas personas serán las encargadas de dar los primeros pasos, para que DevOps pueda germinar dentro del departamento y poco a poco, ir transformando la visión que el resto de la compañía, tiene tanto del sistema de información, como de los departamentos de IT y de sus propios compañeros.

El objetivo es llegar a esa masa crítica de personas, está claro que en una organización pequeña, basta que dos o tres personas de un grupo de cinco o siete, estén convencidas de que DevOps puede ayudar a la organización, para que pongan en marcha las acciones necesarias para mejorar la comunicación y los procedimientos del día a día. Con relativamente poco esfuerzo podemos transformar la cultura corporativa de nuestra pequeña o mediana organización, para cumplir con los principios DevOps.

Sin embargo, si el departamento en el que trabajamos está formado por un gran número de equipos y el total de personas es muy superior a las cinco o siete (por ejemplo, departamentos de 100 personas), y solo tú entiendes que DevOps puede ayudar a la organización, no importa la cantidad de esfuerzo que dediques a la *evangelización* sobre las bondades de DevOps, aunque seas el director del departamento, la realidad es que a corto plazo, no conseguirá unos resultados satisfactorios.

Como cualquier movimiento cultural, DevOps se propaga desde el convencimiento de las personas que participan y no por imposición. Tienes que ser paciente y seguir trabajando, pero con una perspectiva a medio plazo, no esperar resultados de tu trabajo de evangelización a corto plazo. Poco a poco verás como aumenta el número de personas que comienzan a ver DevOps como una alternativa viable al modelo tradicional. Y persona a persona, tarde o temprano, los principios de la cultura DevOps serán incorporados a la cultura corporativa de tu organización.

> *#DevOps se propaga desde el convencimiento de las personas que participan y no por imposición.*

Compartir siempre ha sido la mejor opción

Es curiosa la idea que está detrás del término *compartir*, todas las personas nos ponemos de acuerdo en cuál es su significado, pero este acuerdo se rompe, a la hora de poner en marcha la idea de compartir. La razón es sencilla, todos somos distintos y tenemos una visión propia de nuestro entorno, por tanto, la forma en la que entendemos el concepto de compartir, difiere de la idea que tienen las personas con las que nos relacionamos. Es en esta diferencia cuando aparecen los problemas al poner en marcha la idea de compartir.

Para las organizaciones actuales, la información es el activo más importante, pero el conocimiento es el motor que permite transformar la información en algo realmente valioso para el negocio de la compañía. No importa la cantidad/calidad de la información que seamos capaces de manejar, sin el conocimiento adecuado, solo son un montón de datos, sin valor alguno.

Un problema habitual en muchas organizaciones, es que el conocimiento no está lo suficientemente extendido para que pueda tener un impacto positivo en el negocio. Es decir, el conocimiento se encajona en distintos silos aislados que impiden que pueda fluir dentro de la organización, de manera que permita aumentar el valor del negocio.

Capítulo 6 – DevOps en tu organización

Los silos de conocimiento son tremendamente peligrosos para las compañías, porque no solo no permiten crecer a la compañía, también tienen un efecto negativo sobre los propietarios de dichos silos. Mucha gente se plantea si es conveniente para ellos compartir este conocimiento, que tienen perfectamente guardado en su silo particular. En este dilema participan muchos factores que no voy a analizar y mucho menos a juzgar, por ejemplo, las expectativas que tiene alguien para una promoción profesional o la actitud que tus compañeros tienen para compartir contigo.

No importa el tamaño de tu compañía o departamento, seguro que alguna vez has escuchado algunas de estas razones para no compartir el conocimiento que tiene alguien sobre algo:

- Yo hago todo el trabajo y encima tengo que enseñarle.
- No pienso compartir nada con esta persona, él nunca me cuenta nada.
- Me ha robado mis ideas y se las ha contado él al jefe como si fuesen suyas.
- Si explico cómo lo hago, ya no soy necesario y pueden prescindir de mí.
- Soy intocable porque solo yo tengo el conocimiento sobre este tema.
- Estos no saben que están cometiendo un error al hacer eso, van a meter la pata!!!

Podría estar el resto del libro escribiendo comentarios que la gente tiene sobre la idea de compartir su propio conocimiento y por muy larga que sea la lista, existe un denominador común entre todos estos argumentos y es la inseguridad. La inseguridad que sentimos hacia el entorno que nos rodea, ya sean nuestros compañeros o la propia organización.

Si analizamos detenidamente la pequeña lista de ejemplos anteriores, encontramos que lo único que justifica cada una de ellas es la propia inseguridad que tenemos para desarrollar nuestro trabajo en un entorno, que puede ser hostil. Pero esta percepción que podemos tener sobre lo que nos rodea, no puede justificar que mantengamos este tipo de actitud, por una razón, si no damos, no podremos recibir.

Me ha robado mis ideas y se las ha contado él al jefe como si fuesen suyas.

Bueno, realmente no te ha robado la idea, una idea es algo más que un sencillo enunciado, es una forma de concebir cómo afrontar la solución a un problema, y eso no te lo pueden robar, además ¿qué ocurre cuando esa persona que te ha robado la idea recibe el encargo de poner en marcha dicha idea? Pues que seguramente no tenga el conocimiento que tú tienes para ponerla en pie.

Soy intocable porque solo yo tengo el conocimiento sobre este tema.

Exacto, solo tú eres el experto en un tema que proteges como el santo grial, pero debes tener claro una cosa, te vas a convertir en el

Capítulo 6 – DevOps en tu organización

caballero templario encargado de proteger el grial durante 500 años, polvoriento y solo, y cuidado que en IT no hay nada que dure 500 años, a veces ni siquiera 5 años.

> *Estos no saben que están cometiendo un error al hacer eso, van a meter la pata!!!*

Dejar que alguien cometa un error que tenga consecuencias y no evitarlo dice muy poco de nuestra profesionalidad, ya no solo con nuestros compañeros, sino con la compañía y más tarde o temprano nos terminará afectando a nosotros. Compartir nuestro conocimiento, no solo para que otros crezcan, sino también para evitar que se comentan errores que puedan llegar a impactar en el negocio, es una opción que no podemos ni si quiera plantearnos.

Mi consejo sobre la idea de compartir es que debemos tener una actitud más positiva y perder el miedo a que las personas que tenemos a nuestro alrededor, aprendan de nosotros y nosotros de ellas. Porque nadie nos va puede arrebatar el conocimiento que tengamos de algo, pero tenemos mucho más que ganar compartiendo, que si no lo hacemos. Por lo menos a mí me ha funcionado.

> Compartir es sin duda una apuesta ganadora para comenzar a construir una cultura #DevOps dentro de las compañías.

Capítulo 6 – DevOps en tu organización

Canales de feedback

Disponer de una estructura sólida de canales de feedback, es uno de los pilares sobre los que debemos trabajar para adoptar DevOps como cultura corporativa. Los canales de feedback nos permiten conocer en cada momento, cuál es el rendimiento del sistema y si se están cumpliendo las especificaciones establecidas durante su construcción. Los canales de feedback nos ayudan en la obtención de información sobre los distintos elementos que forman el sistema, tanto recursos humanos, software, hardware y clientes.

La mayoría de la gente suele relacionar el término feedback con la información que podemos obtener de los clientes del sistema. Pero debemos ampliar este enfoque, no solo a las personas, también a todos aquellos componentes no humanos del sistema. Pero antes de continuar, me gustaría explicar en qué consiste realmente un canal de feedback, ya que es un concepto que en muchas ocasiones utilizamos de manera incorrecta.

Un canal de feedback es un medio que nos permite recoger información sobre la forma en la que trabaja una parte del sistema, es decir, es un canal *unidireccional* de comunicación, que nos ayuda a descubrir cuál es el rendimiento de cierto elemento del sistema. Es importante que entendamos el carácter *unidireccional* del canal de comunicación, ya que es frecuente, crear canales de feedback pero que son utilizados para otro propósito. Voy a poner un ejemplo, que aunque puede parecer absurdo, seguro que alguna vez ha vivido una situación similar.

Para el ejemplo, vamos a establecer un canal de feedback que nos ayude a conocer qué impresiones tienen los usuarios de nuestra aplicación. El canal consiste en una reunión semanal periódica, en la que los usuarios pueden exponer todas sus quejas e impresiones. Normalmente ocurrirá alguna de las siguientes situaciones, que pueden generar ruido dentro del canal hasta conseguir inutilizarlo:

- *Situación A*, a cualquier queja o impresión negativa sobre el funcionamiento del sistema se responde con una excusa que justifique el funcionamiento. En esta situación estamos incumpliendo el carácter unidireccional del canal. Esta reunión no es para dar explicaciones, sino para conocer qué piensan los usuarios.

- *Situación B*, plantear la necesidad de conocer a modo general qué les parece. Si no concretamos cuáles son las preguntas que queremos conocer de los clientes, el canal de feedback se puede llenar de ruido formado por información sobre otras partes del sistema, sobre la que los usuarios tiene interés en hablar. Debemos dejar claro que el canal es para conocer la información sobre uno o varios elementos del sistema y que es este grupo concreto, sobre el que necesitamos información.

Es decir, cuando establezcamos una canal de feedback, debemos garantizar que sea unidireccional, lo creamos para

Capítulo 6 – DevOps en tu organización

obtener información, nunca para devolverla, ya que esto generaría ruido en dentro del propio canal. Y también debemos concretar sobre qué elementos actúa el canal, para evitar que se convierta en una especie de embudo en el que cabe cualquier cosa.

Puede que estés pensando que todo esto está muy bien, pero si nunca te has planteado una estrategia concreta para establecer canales de feedback, quizás ahora tengas una idea de cómo debe ser el canal, aunque no tengas claro qué canales puedes crear. El número y la naturaleza de los canales de feedback que pueden establecerse en un sistema, dependen de varios factores tales como el tamaño y la complejidad del sistema, las entradas y las salidas de la información en el sistema, los usuarios y clientes, etc. Por tanto, no existe una norma que podamos aplicar para crear una infraestructura de canales de feedback, esta infraestructura debe ajustarse a sus propia organización.

En la siguiente lista expongo algunos ejemplos de canales de feedback que podemos implementar:

- Reuniones periódicas con los usuarios.
- Encuestas aleatorias de los clientes, para medir satisfacción sobre algún aspecto del sistema.
- Análisis de los informes de incidencias que manejan las áreas de soporte.
- Cuentas de correo en las que recibir comentarios sobre mejoras.
- Redes sociales corporativas.

- Herramientas de monitorización y rendimiento de los elementos software y hardware.
- Estudiar el comportamiento de los usuarios en el sistema. No existe mejor feedback sobre el sistema que estudiar cómo lo utilizan los usuarios.
- Realizar encuestas a los clientes sobre nuevas funcionalidades que se vayan a poner en marcha.

> *El diseño de los canales de feedback es fundamental para conocer cómo está funcionando el sistema #DevOps*

ELÁSTICO

Elasticidad

Todas las compañías comparten un mismo problema, independientemente de su tamaño y naturaleza, al que deben enfrentarse en su día a día. Estoy hablando de la capacidad para reaccionar ante un cambio en la demandan del mercado. Es decir, ser capaces de poder cambiar la forma de crear su producto o servicio para adaptarse a la demanda cambiante del mercado.

De la capacidad que tenga nuestra plataforma IT para evolucionar, dependerá parte del éxito del negocio de la organización, ya que de nada vale, tener una buena estrategia de crecimiento, cuando no está acompañada por una estrategia IT que soporte este crecimiento del negocio.

Tradicionalmente la escalabilidad se ha asociado a la capacidad que tiene el sistema para crecer, ya que la mayoría de las empresas basan su estrategia en el crecimiento. Con la actual situación económica, en la que factores globales afectan a todas las compañías, la estrategia de crecimiento ha dejado paso a una estrategia de adaptación, que permita a las compañías, no solo crecer en caso de que sea necesario, también les permite reducir su tamaño cuando la demanda caiga.

Aquellas compañías que tengan la suficiente *elasticidad* para ajustar sus costes de explotación a la demanda real del mercado, tendrán muchas más posibilidades de sobrevivir, que aquellas que

Capítulo 6 – DevOps en tu organización

mantengan una postura más estática frente a los cambios en la demanda.

DevOps ayuda a las organizaciones a incrementar la elasticidad de su infraestructura IT, gracias a factores tales, como el incremento del conocimiento del propio sistema, la creación de canales de comunicación, el aumento del feedback, tanto de clientes como del propio sistema, el aprendizaje y la experimentación continua, que ayudan a explorar nuevas soluciones.

Aunque no podemos pensar en DevOps como la fórmula mágica que nos permita convertir una organización rígida, sin capacidad para adaptarse al cambio, en una organización dinámica, preparada para afrontar los ratos de una demandan cambiante. La realidad es que DevOps nos puede ayudar a vencer el agarrotamiento inicial, que impide a la organización ser más competitiva y poco a poco, ir incrementando el grado de elasticidad de los sistemas de información, con el objetivo de mantener constantemente alineado el sistema de información con el negocio de la compañía.

> *#DevOps puede ayudar a las compañías a vencer su rigidez, gracias a promover un IT más elástico que se ajuste mejor a la estrategia de la compañía*

Capítulo 6 – DevOps en tu organización

Cuida la comunicación

Para poder comprender cómo funciona cualquier sistema de información, es imprescindible analizar el elemento clave del sistema, los canales de comunicación. Digo que los canales de comunicación son el elemento clave, porque gracias ellos la información pueda moverse de manera más o menos fluida por el sistema y son los responsables de comunicar los distintos componentes del sistema. Cualquier barrera que pueda aparecer, impedirá el flujo normal de la información, generando problemas que terminarán impactando de manera negativa en el comportamiento del sistema.

Es crucial que como elemento clave del sistema, cuidemos de manera especial los canales de comunicación, independientemente de que estemos hablando de la comunicación entre personas, personas y máquinas o máquinas y máquinas. Si no realizamos una labor constante de evaluación y mejora de todos los canales de comunicación, reduciendo problemas, como los cuellos de botella o la degradación de la calidad del canal, comenzarán a aparecer pequeñas anomalía y lo que es peor para el sistema, pueden surgir nuevos canales alternativos, que en muchos casos podrían sacar fuera del propio sistema parte de la información, generando silos o islas de conocimiento al margen del sistema.

Para mantener la calidad de los canales de comunicación del sistema, dentro de los valores establecidos en el momento de su creación, podemos aplicar estos tres sencillos consejos:

- Implantar herramientas de monitorización que midan constantemente la calidad de todos los canales de comunicación Máquina-Máquina. Para poder disponer de un reporte lo más actualizado posible sobre cómo fluye la información dentro de la infraestructura.

- Realizar de manera periódicas tareas de evangelización, sobre la importancia de mantener la información dentro del sistema de información, evitando la aparición de canales ocultos y/o silos de información ajenos al propio sistema.

- Evaluar de forma periódica todos los canales de comunicación en los que participan las personas, para obtener feedback de los usuarios sobre posibles puntos de mejora. Las aportaciones de usuarios, clientes, desarrolladores, administradores, etc. Tiene un valor extraordinario para hacer evolucionar el sistema de información de una manera más óptima.

Termino con una reflexión sobre el propósito que le solemos otorgar a un sistema de información, el de que debe gestionar, transformar, almacenar, actualizar la información y para que esto ocurra, la información debe fluir dentro del sistema. Cualquier problema u obstáculo que impida este flujo afectará al rendimiento esperado del sistema. Es importante que vigilemos, cuidemos y

Capítulo 6 – DevOps en tu organización

actualicemos todos los canales de comunicación, sea cual sea su naturaleza. Descuidarlos puede generar problemas a corto plazo, los cuales son sencillos de rectificar, pero también pueden generar problemas a medio y largo plazo, que no son fáciles de solucionar, ya que en muchos casos, los problemas son asimilados por la propia organización y obliga a ésta a transformar parte de sus propios procesos para poder asumir estos problemas, como la utilización de silos o islas de información.

> *La comunicación es la clave para adoptar la cultura DevOps, sin una estructura de canales de comunicación sólida y de calidad es muy difícil que el sistema funcione en su nivel óptimo.*

Capítulo 6 – DevOps en tu organización

Coge un paraguas, porque vienen nubes

Si hay algo que he aprendido sobre el mundo IT es que o te adaptas o desapareces, esta es una de las reglas más importantes para poder evolucionar en un ambiente profesional como es IT. Por eso es importante para nosotros, ingenieros IT, identificar oportunidades, dónde otros ven dificultades. Afrontar las situaciones adversas con una actitud positiva, nos beneficia como profesionales, porque nos permite continuar creciendo, pero también beneficia a la compañía en la que trabajamos, porque ayudamos a superar una situación que puede llegar a convertirse en un problema para el negocio.

La nube presenta muchos retos para los departamentos de IT, pero lo que es más importante, es una gran oportunidad para el negocio de la compañía y es en este aspecto, sobre el que debemos focalizarnos en IT. No importa cuáles sean nuestras limitaciones técnicas o el impacto que tendrá para nosotros mover nuestra plataforma IT a la nube, lo realmente importante es que seamos capaces de medir el impacto real sobre el negocio y establecer un modelo de aproximación sobre los beneficios que los nuevos servicios en la nube pueden tener para la compañía.

No es ningún secreto que la nube levanta tantas pasiones como odios dentro de los departamentos de IT, porque hay quien ve una amenaza en la nube y quien ve una oportunidad. Siempre que hablo de los problemas que la nube causa dentro de un equipo de IT utilizo la misma metáfora. Cuando llega el otoño, vemos aparecer en el cielo las primeras *nubes*, las cuales, señalan el fin de los días despejados y soleados, que tanto nos gustan del verano. Estas nubes amenazan con días de lluvia y frío, y tenemos dos opciones, quedarnos en casa, calentitos sin arriesgarnos a salir y mojarnos o por el contrario, coger un paraguas y continuar con nuestro día a día, disfrutando de las cosas buenas que tiene el otoño.

Hagas lo que hagas las nubes se quedarán dónde están y algo parecido está ocurriendo con los servicios IT en la nube, han venido para quedarse, y somos nosotros, como ingenieros IT, los que tendremos que decidir, si quedarnos en casa e intentar no mojarnos o por el contrario salimos a la calle y nos adaptarnos al nuevo clima, asimilando que es el tiempo de coger el paraguas y disfrutar de lo que nos ofrece el otoño.

¿Por qué la nube es tan interesante para las compañías? Más allá de cuáles sean nuestros miedos, la realidad es que desde el punto de vista del negocio, la Nube presenta una serie de ventajas que son indiscutibles:

- Convertir el CAPEX IT en OPEX, desde un punto de vista financiero, las compañías prefieren emplear su dinero en OPEX que en CAPEX, es decir, emplear el dinero en la operación y realizar la menor cantidad posible en inversión.

- No tener que renovar activos. Cuando compras componentes IT sabemos que tiene un ciclo de vida, después del cual, hay que volver a invertir en más activos para reemplazar los que han quedado obsoletos. La nube abstrae totalmente a las compañías del problema de actualización de los activos.
- Se paga por lo que se usa. Esta es la característica que más le interesa a una organización, pagar solo por los recursos a los que se les está sacando un rendimiento.
- La infraestructura crece/decrece al ritmo que marque la demanda del mercado.

Pero la nube no solo presenta ventajas desde el punto de vista financiero, también es una fuente de oportunidades para las áreas de IT, ya que nos pueden ayudar a incrementar la calidad de los productos/servicios que ofrecemos a la compañía, reduciendo los tiempos de entrega, aprovisionamiento y asegurando la disponibilidad y continuidad de los sistemas de información.

La nube es una oportunidad para todas las compañías, reduce inversión e incrementa la calidad, disponibilidad y continuidad de los SSII.

O.V.N.I
TOP-SECRET

Desclasificado

Archivo ref: XX-20070928MML
Departamento Área 51

Capítulo 6 – DevOps en tu organización

Practica la transparencia

Cuando en nuestra vida queremos generar confianza en otra persona, intentamos ser transparente con esta persona, para que ella confíe en nosotros y reforzar esa confianza. La transparencia es una cualidad que las personas valoramos a la hora de establecer relaciones de confianza. Si es algo que funciona en nuestras relaciones personales ¿por qué somos tan reacios a aplicar transparencia en nuestras relaciones profesionales? Supongo que existen muchas razones, inseguridad, sensación de control, sentimiento de inferioridad, falta de empatía, necesidad de imponer nuestras decisiones, ocultar errores, perjudicar a otros, etc. La lista puede llegar a ser tan larga como personas vivimos en el planeta.

Pero a pesar de la reticencia de mucha gente por la transparencia, la realidad es que la mejor forma para generar confianza en otras personas es que seamos transparentes en nuestras acciones, para que la otra persona pueda evaluar libremente la realidad que le estamos transmitiendo. Llevo muchos años trabajando en sistemas de información y tengo que reconocer que no ha sido precisamente una tarea fácil, la gente suele desconfiar de las cosas que no comprenden y a veces las causas de los problemas tienen una explicación técnica que es complicada transmitir al usuario.

El reto desde las áreas de IT es poder transmitir a todos los usuarios/clientes de los sistemas de información en los que trabajamos, la información sobre el estado del sistema, incidencias, procedimientos, etc. En un lenguaje que todos puedan entender, alejándonos de los tecnicismos que lo único que consiguen es añadir una hilera más de ladrillos al muro que nos separa.

Conseguir establecer una relación de confianza entre todas las personas que participan en un sistema de información, es un reto difícil de alcanzar, la gente tiende a guardar información si piensan que les puede perjudicar. Pero un primer paso lo podemos dar las áreas de IT, creando canales de comunicación con los usuarios/clientes que transmitan de manera transparente toda la información que necesiten:

- Estado del sistema.
- Seguimiento de incidencias.
- Documentación.
- Acta reuniones.
- Planificación de los proyectos.

Estas son algunas de las acciones que podemos poner en marcha para generar confianza en los usuarios/clientes del sistema. Transmitir que desde IT no hay nada que esconder, y que cualquier información que requieran la tienen disponible en distintas plataformas, como pueden ser Intranets, Wikis, acceso a herramientas de incidencias, herramientas de monitorización, gestores documentales, etc.

Capítulo 6 – DevOps en tu organización

En todas las empresas en las que he trabajado, los principales conflictos que se han generado entre el departamento de IT y los usuarios de los sistemas de información han surgido por una falta de transparencia. Voy a poner varios problemas frecuentes que nos encontramos en IT:

1. *"La aplicación va lenta."*
2. *"Necesito más espacio en disco/Memoria/CPU."*
3. *"Ha desaparecido un fichero de tal carpeta."*

Si trabajas en IT, seguro que has tenido que enfrentarse alguna vez a un problema derivado de alguna de estas tres causas. ¿Cuál es el problema real de cualquiera de estas tres situaciones? La falta de confianza que los usuarios pueden tener hacia la respuesta sobre la resolución de uno de sus problemas/demandas.

Cojamos un ejemplo en el que un usuario, solicita al área de IT que le aumenten su cuota de almacenamiento en 100GB. En un ambiente en el que reina la desconfianza, es normal que aparezcan comentarios como los que siguen:

Área IT: *"¿Para qué querrá más espacio? La semana pasada le dimos 500GB ¿ya los ha gastado?"*

Usuario: *"Estos de sistema, siempre poniendo pegas, parece que los discos los pagan ellos.."*

Ahora, hagamos el ejercicio de suponer que la situación anterior se desarrolla en un ambiente, en el que hemos aplicado distintas acciones orientadas promover una cultura de la transparencia. Podríamos empezar por generar informes semanales sobre el reparto de almacenamiento entre los distintos proyectos/usuarios, explicar los costes asociados, el espacio disponible y la estimación de la fecha en la que se tendrá que adquirir más almacenamiento. Publicando toda esta información en la intranet del departamento, para que cualquier usuario pueda consultar cómo está distribuido el espacio de almacenamiento disponible. Con este sencillo ejemplo, podríamos reducir el recelo que las áreas usuarias tienen sobre la gestión que realizamos en IT.

Para terminar, solo comentar que la transparencia es una herramienta tremendamente poderosa y si somos capaces de implementar acciones que permitan a IT incrementar la transparencia de lo que están haciendo, los usuarios, clientes y en general el resto de la organización comenzará transformar su percepción sobre IT y los sistemas de información.

No cambies tu estructura

Cuando tenemos nuestro primer contacto con el movimiento DevOps, lo primero que se nos viene a la cabeza es que debemos cambiar la estructura de nuestro departamento de IT, entendemos que todos los problemas que nos acucian en el departamento es que desarrollo y operaciones están divididos en dos grupos separados.

A lo largo del libro he comentado varias veces, que DevOps no va de imponer tal o cual metodología, ni de establecer roles, ni siquiera de identificar procesos críticos. DevOps se abstrae de todo eso y nos propone que pongamos el foco, en la forma en la que las personas nos relacionamos, tanto entre nosotros, como con el sistema. Partiendo de la base que DevOps va de comunicación, es absurdo plantearnos un cambio en la estructura del departamento, cuando lo realmente importante es transformar la cultura del departamento y mejorar la comunicación.

Un consejo que suelo dar cuando me preguntan sobre *¿qué es lo primero que debo hacer para adoptar DevOps en mi departamento?* La respuesta es sencilla, analiza cómo se relaciona la gente, no importa que estén divididos en 2 o 4 áreas distintas, con distintas responsabilidades. Lo importante es identificar si la comunicación y la colaboración entre las personas de los distintos equipos es buena.

Capítulo 6 – DevOps en tu organización

Por tanto, lo realmente importante no es la forma en la que está organizado el departamento de IT, sino la arquitectura de los canales de comunicación que existan. De hecho, no soy partidario de tener un solo equipo multidisciplinar, en el que todo el mundo haga de todo, creo que tiene más ventajas tener grupos especializados que cooperen. De esta forma el nivel de conocimiento del departamento es muy superior, ya que tenemos a varios especialistas trabajando conjuntamente, frente al modelo de tener un equipo en el que todo el mundo sabe de todo y es difícil mantener un nivel de especialización.

> *Con #DevOps no tienes que cambiar tu estructura, debes cambiar la forma en la que se relacionan las personas de tu estructura.*

Capítulo 6 – DevOps en tu organización

Comparte responsabilidades

Aunque DevOps no es precisamente un concepto nuevo, está alcanzando un volumen lo suficientemente grande como para traspasar los círculos puramente técnicos y llegar a otras personas, con perfiles menos técnicos. Por mi propia experiencia hablando con estas personas, todas hacen la misma pregunta.

¿Pero cómo puedo hacer que mi equipo de IT adopte DevOps?

Es una pregunta sencilla que esconde una respuesta tremendamente complicada, porque no existe una fórmula magistral que podamos aplicar para que nuestro departamento adopte DevOps como cultura corporativa. Yo suelo optar siempre por la misma respuesta, la mejor forma de unir dos cosas que están separadas, es buscar aquello que ambos tengan en común y si no tienen nada en común, hacer que lo tengan, por ejemplo compartir responsabilidades. Ya he comentado a lo largo del libro que una de las causas que provocan un distanciamiento entre desarrollo y operaciones consiste en la diferencia entre las responsabilidades de cada equipo.

El equipo de desarrollo tiene como responsabilidad, escribir código para crear o actualizar las aplicaciones. Por el contrario la responsabilidad del equipo de operaciones es principalmente mantener disponible a los usuarios, el mayor tiempo posible las aplicaciones. En función de estas responsabilidades se construyen los objetivos para cada área. Pero ¿qué pasaría si compartimos un porcentaje de las responsabilidades entre ambos equipos? Por ejemplo:

- Desarrollo: 90% crear código, 10% disponibilidad.

- Operaciones: 90% disponibilidad, 10% crear código.

Con este reparto, conseguimos que el área de desarrollo se implique de manera más activa en mantener disponible la aplicación en mayor tiempo posible, por una sencilla razón, su responsabilidad no acaba con el despliegue del código. Intentará comprender cómo funciona la aplicación en el entorno de producción y si puede aplicar alguna mejora para garantizar la disponibilidad.

Por otra parte, operaciones querrá implicarse en el proceso de creación de código para optimizar en la medida de sus posibilidades todos los procesos ligados al desarrollo de código.

Compartir parte de la responsabilidad y por tanto, parte de los objetivos, entre ambos equipos, tendrá un efecto positivo en la manera en la que ambos perciben el trabajo del otro y ayudará a reducir la distancia que los separa.

EQUIPO DEVOPS

No montes un equipo DevOps

Un error típico a la hora de querer adoptar DevOps como cultura IT, es pensar que debemos montar un equipo de expertos DevOps. Este equipo será el encargado de transformar la cultura IT de nuestra compañía, orquestando todos los procedimientos del departamento para garantizar que el área funciona perfectamente. Digo que se trata de un error, porque en un departamento IT en el que ya existen problemas de coordinación y comunicación, añadir un elemento extraño no es una solución demasiado acertada por varias razones, pero la más importante es ¿Cuál es la función real de este equipo? ¿Organizar? ¿Evangelizar? No podemos cambiar la cultura de un equipo intentando imponerla desde el exterior. Lo único que conseguiríamos sería crear un nuevo muro entre el nuevo equipo y el resto del departamento IT.

Mi consejo es que no intentes montar un equipo DevOps dentro de tu organización, todo lo contrario, intenta generar un proceso interno de evangelización DevOps. Porque únicamente desde el interior del propio departamento, podrá surgir el proceso de transformación que consiga eliminar las barreras existentes. Todo lo demás solo generará frustración y recelo en los equipos.

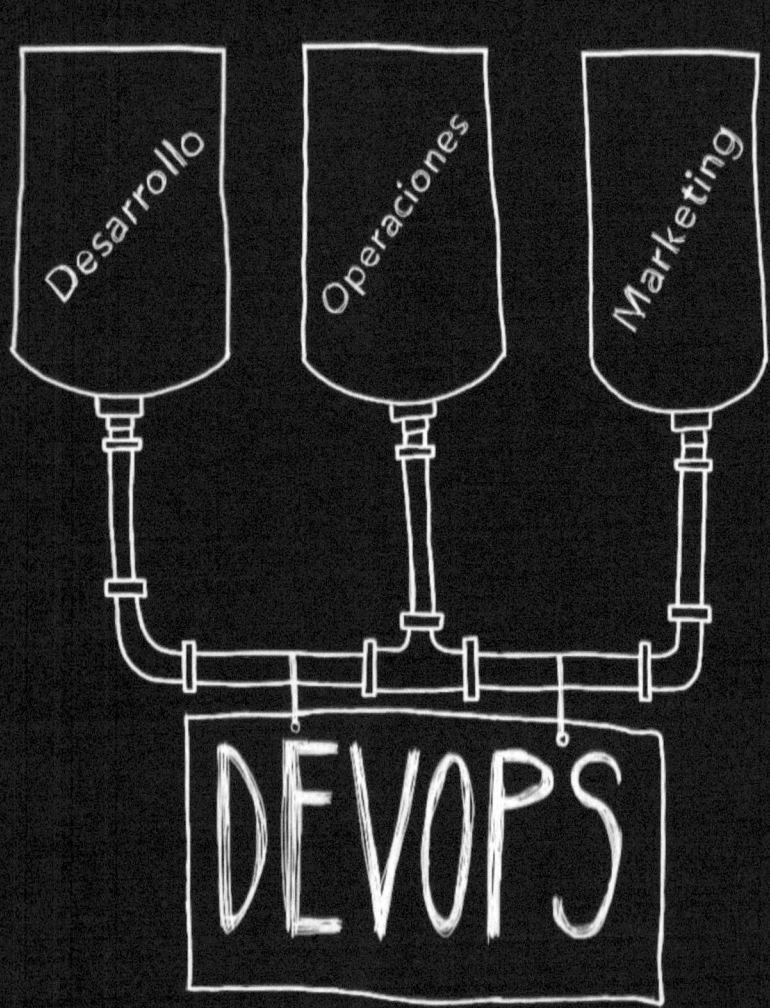

Practica la fontanería de silos

Si este libro no es tu primer contacto con la cultura DevOps, seguro que has leído varias veces, que uno de los objetivos DevOps consiste en la eliminación de los silos de conocimiento aislados. Considera esta afirmación como una verdad a medias. Estarás de acuerdo conmigo que la idea de eliminar conocimiento, en ningún caso, es demasiado atractiva para nadie y menos para una organización. Por esta razón, es interesante que reflexionemos sobre las implicaciones que puede tener para cualquier organización modificar su estructura de conocimiento, ya sea para bien o para mal.

Empezaré por esta cuestión ¿Qué entendemos realmente por silo de conocimiento? Una respuesta podría ser, que se trata del conocimiento que un persona o un conjunto de personas, tienen sobre ciertos procesos del sistema de información, este conocimiento, por razones que solo podemos achacar a la naturaleza humana, queda aislado de la compañía y únicamente sus propietarios tienen acceso a él.

En ocasiones, el culpable de la aparición de silos es la propia organización, a causa de que su cultura corporativa no incluya la colaboración como uno de los ejes fundamentales o bien, porque no disponga de los recursos necesarios para una infraestructura que soporte un acceso universal al conocimiento de la compañía.

El problema de los silos, es que el conocimiento se fragmenta en distintas parcelas y se aísla del resto del conocimiento de la organización, generando problemas de duplicidad e integridad. Otro efecto negativo de la proliferación de silos, es que sus propietarios no obtienen feedback de otras áreas. La falta de feedback desemboca en un empobrecimiento del conocimiento que se gestiona, lo que tendrá un impacto negativo en el desarrollo de los procesos en los que participan estas personas.

Pero los silos de conocimiento también presentan ventajas, bien administrados, permiten acumular conocimiento especializado sobre ciertos temas. Además el silo permite localizar el conocimiento dentro de la compañía e identificar a aquellas personas que los mantienen y a las que podemos considerar expertas en esos temas concretos.

Por tanto, la idea de acabar con los silos es algo que no comparto, a mí me gusta más hablar de conectar silos, más que destruirlos. Gracias a promover una cultura de colaboración y comunicación, DevOps ayuda a conectar todos aquellos silos aislados, para crear una red de conocimiento dentro de la compañía. Organizar el conocimiento dentro de una red de silos intercomunicados mediante tuberías, que permitan el flujo de conocimiento entre un silo y otro, ayudaría a las organizaciones a ser más eficiente en todo el proceso de gestión del conocimiento.

Conseguir conectar los silos de conocimiento es una tarea ardua dentro de cualquier compañía. Se pueden establecer procesos y herramientas que permitan compartir ideas, documentos e información entre las distintas áreas. Pero el gran reto es demostrar a los propietarios de los silos cuales son las bondades de compartir su conocimiento con el resto de la organización. Las personas solemos actuar por instinto en aquellas situaciones que percibimos una amenaza y en muchas ocasiones pedirle a alguien que comparta su conocimiento es como pedirle a *Gollum* que nos preste el anillo un rato.

> *#DevOps no debe destruir silos, debe ayudar a generar una red de tuberías que mantengan los silos conectados y actualizados.*

KEEP CALM AND EMBRACE DEVOPS

¿Quién odia DevOps?

Llama enormemente la atención que si bien, la legión de seguidores del movimiento DevOps va creciendo día a día, también lo hace la de sus detractores. La cuestión que nos podemos plantear es ¿por qué un movimiento que promueve la comunicación entre las personas, el aprendizaje continuo y el conocimiento del sistema, tiene detractores? La respuesta es sencilla, existe mucha información incorrecta sobre los objetivos que persigue DevOps y es esta información incorrecta, la que genera gran parte de la controversia sobre DevOps.

Mucha gente relaciona DevOps con herramientas de administración de sistemas y despliegue de código. Cómo hemos visto en secciones anteriores, DevOps no va de herramientas software, aunque muchos fabricantes usan DevOps para etiquetar a sus herramientas, el término DevOps es *cool* y los fabricantes lo saben.

Otro error muy extendido, es que se trata de una metodología, porque a los ingenieros nos encanta trabajar con normas y metodologías. El problema es que DevOps no es una metodología, que tenga con un conjunto de normas y métodos que podamos aplicar. Algunas personas interpretan que si no es una metodología, todo está permitido y que DevOps es sinónimo de anarquía, en la que los desarrolladores pueden administrar máquinas y hacer sus propios pases a producción y la gente de operaciones, genera su propio código para mejorar las aplicaciones. Una especie de situación pos-apocalíptica en la que todo vale.

Otra de las interpretaciones equivocadas que es frecuente leer sobre el movimiento DevOps, es que se trata de una especie de santo grial, que permitirá a las compañías que abracen este nuevo movimiento, conseguir el más absoluto éxito en el desarrollo de su negocio.

Nada más lejos de la realidad, ya que como hemos visto, DevOps no es algo que se pueda imponer a las organizaciones, por ejemplo, gracias al trabajo de una consultora experta en DevOps que convertirá el departamento de IT de nuestra compañía en un departamento 100% DevOps.

La forma de adoptar DevOps como cultura corporativa en los departamentos de IT, sin imponer nada desde el exterior, sino que debe crecer desde el interior de las propias áreas, al estilo de una quinta columna que va poco a poco evangelizando sobre las bondades de adoptar una cultura DevOps dentro de la organización.

Esta estrategia de iniciar la transformación desde el interior, presenta varias ventajas, la primera y más importante es que se trata de un proceso de transformación paulatino y gradual. Que se realiza a la velocidad natural de los propios departamentos, sin grandes cambios o modificaciones que puedan generar resistencia y que puedan ser percibidos como traumáticos. La segunda ventaja, es que el proceso de transformación se ajusta a cada departamento. Al no existir una metodología, se da la oportunidad a los propios departamentos de crear sus propias normas, y aquí estriba el éxito de DevOps, que fomenta la creación de una metodología propia para cada organización, que puede tomar como base, lo que ya existe.

Lo normal es que una vez que se comprende qué es DevOps y cuáles son los objetivos que persigue, la gente reduzca su resistencia y acoja los principios DevOps, con una perspectiva positiva sobre las mejoras que puede suponer para la organización. Por esta razón es tan importante para DevOps el papel del evangelizador interno, que se encargue de explicar las bondades que puede suponer DevOps, tanto para las personas, como para la forma de trabajar dentro de las propias áreas IT.

> *#DevOps es un movimiento que nace dentro de los departamentos de IT y los transforma de manera gradual*

Innovación

Innovación

La innovación es uno de los pilares sobre los que se debe apoyar la estrategia de negocio de cualquier compañía. Existe mucha bibliografía sobre la innovación y el papel que puede llegar a tener en el éxito de una compañía, por lo que no voy a escribir sobre algo que está ampliamente documentado. Si estás interesado, te aconsejo estos dos libros *"El viaje de la innovación"* de Carlos Domingo y *"The Innovator's Dilemma"* de Clayton Christensen. Son dos libros interesantes que le ayudarán a comprender el alcance del concepto *innovación* y su papel dentro de la estrategia de las compañías.

Voy a comenzar desde un planteamiento mucho más sencillo para abordar el concepto de innovación. Empecemos por la definición que podemos encontrar en el diccionario de la Real Academia de la lengua Española del verbo innovar:

Rae: Innovar
(Del lat. innovāre).
1. tr. Mudar o alterar algo, introduciendo novedades.

Es decir, podemos considerar la innovación, como la acción de alterar algo, introduciendo novedades que permitan mejorar lo que estamos modificando. Podemos partir de la premisa que podemos aplicar innovación a cualquier elemento del sistema y que si entendemos el sistema como un todo, que es uno de los principio

Capítulo 6 – DevOps en tu organización

del movimiento DevOps, cualquier mejora conseguida gracias a un proceso de innovación, supondrá una mejora en el sistema.

Es requisito fundamental para que el proceso de innovación tenga éxito, entender que el sistema es un todo y que mejorando partes del sistema, estamos ayudando a todo el sistema. Otro aspecto importante sobre el proceso de innovación es el conocimiento que tenemos del elemento sobre el que estamos intentando innovar. En este punto es importante que reflexionemos sobre la pirámide DIKW (*Data, Information, Knowledge, Wisdom*) de conocimiento, ya que el éxito del resultado que podemos obtener nuestro ejercicio de innovación estará estrechamente relacionado con el nivel dentro de la pirámide en la que nos encontremos. La pirámide DIKW clasifica nuestro conocimiento en función de 4 niveles:

- *Dato*, se trata de la unidad mínima de información que maneja el sistema y por sí solo no aporta ningún tipo de información.

- *Información*, se trata de una agrupación de datos, que en conjunto son capaces de generar un mensaje.

- *Conocimiento*, es la suma de la información y la experiencia. La experiencia permite incrementar la información que manejamos con información obtenida en otras situaciones parecidas.

- *Sabiduría*, es el último nivel de la pirámide y consiste en el nivel más alto de entendimiento que podemos llegar a tener sobre algo. La sabiduría es la suma del conocimiento y la optimización.

El éxito en un proceso para generar innovación está directamente relacionado con el nivel que tengamos sobre algo dentro de la jerarquía DIKW y la filosofía DevOps nos ayuda a escalar la pirámide DIKW, gracias a promover una cultura abierta a compartir el conocimiento dentro de la organización, a experimentar y aprender de manera continua e incrementar los canales de feedback con el sistema.

RESILIENCIA

Resiliencia

Todos los sistemas fallan, no importa las horas que empleemos en el diseño, las pruebas o la construcción, siempre puede ocurrir un evento inesperado que provoque un problema en el sistema. La mayoría de las grandes catástrofes de la ingeniería se han producido por causas triviales, que aparentemente no debería haber ocurrido, pero por desgracia, se dieron las condiciones necesarias para desencadenar el desastre.

Partiendo que no existe el sistema perfecto, debemos considerar que nuestro sistema, tarde o temprano, se enfrentará a una situación inesperada. Que nuestro sistema esté preparado para afrontar dicha situación, sea cual sea, es lo que se conoce como *resiliencia*. Se trata de la capacidad que tiene un sistema para reponerse tras la aparición de un evento inesperado. Es crucial para cualquier organización incrementar el nivel de resiliencia de sus sistemas de información, para garantizar la continuidad y disponibilidad de la información que manejan para su negocio.

El principal problema de la resiliencia en el ámbito IT, es que suele estar identificado únicamente con la tecnología, dejando a un lado, tanto el componente humano y como la propia información del sistema. DevOps nos propone una visión global del sistema, cómo un conjunto de elementos que interaccionan entre sí, para desarrollar un conjunto de actividades.

Capítulo 6 – DevOps en tu organización

Cualquier sistema de información, se puede descomponer en tres bloques fundamentales, a los que deberíamos aplicar las acciones necesarias para garantizar unos niveles mínimos de resiliencia.

Tecnología. Para que podamos asegurar un nivel de resiliencia mínima que cumpla con los requerimientos del negocio, debemos conocer todas las dependencias que existen, tanto internamente en el sistema de información, como las dependencias externas con otros sistemas. Además debemos inventariar todos los escenarios posibles a los que se puede enfrentar el sistema, tanto los probables, como los improbables, ya que son estos últimos los que tendrán un mayor impacto sobre la disponibilidad de la información. De manera periódica debemos realizar pruebas de estrés para asegurar que todos los componentes funcionan como esperamos. La información que recogemos de las pruebas de estrés nos servirá como base para diseñar soluciones a los problemas que podamos encontrar, falta de redundancia, problemas de capacidad, cuellos de botella, duplicidad de los datos, etc.

Información. El segundo elemento sobre el que debemos centrar nuestro estudio de la resiliencia de nuestro sistema de información, es la propia información que maneja el sistema. En muchas ocasiones las áreas de IT focalizan todo su esfuerzo en los elementos de tecnología, dejando a un lado los problemas relacionados con la calidad de la información. Para asegurar que el sistema cuenta con los niveles de resiliencia que necesita la organización, es fundamental verificar la fiabilidad de las fuentes de datos, para asegurar que la información que entra en el sistema es la que se espera. Otro aspecto importante es estudiar el impacto que puede tener sobre el sistema la entrada de datos no esperados y cómo se puede detectar esta anomalía. El sistema debe disponer de los controles necesarios para garantizar la integridad de los datos y que no existan incoherencias con datos duplicados. Otro aspecto importante es que la información de salida debe cumplir con los criterios de calidad establecidos para el sistema de información.

Personas. El tercer componente de cualquier sistema de información son las personas que trabajan en él. No podemos asegurar que el grado de resiliencia del sistema cumple con las expectativas de la organización si no analizamos cual es el impacto de las personas que interaccionan con el propio sistema, desde los usuarios que proveen datos, hasta las personas encargadas de las labores de mantenimiento y operación. Es necesario establecer cuál es el riesgo para el sistema en aspectos tales como el perfil de las personas, ¿están los usuarios suficientemente formados para poder hacer un uso esperado del sistema? En caso de que ocurra un incidente un sábado a las 4h AM, ¿está el personal de guardia capacitado para afrontar la incidencia? Existen una serie de cuestiones que se deben aclarar para asegurar que no existe un punto de fallo en las propias personas.

Como hemos visto, aunque la resiliencia es un término que normalmente se asocia únicamente con los elementos de tecnología de un sistema, la realidad es que debemos aplicarlo a todo el sistema, tal como propone el movimiento DevOps. Además

Capítulo 6 – DevOps en tu organización

debemos ser conscientes que el proceso de evaluación del grado de resiliencia que tiene nuestro sistema de información es un proceso continuo del que debemos aprender para poder evolucionar el propio sistema, garantizando que se podrá reponer a cualquier tipo de incidencia que pueda aparecer.

Como ejemplo de herramientas que nos pueden ayudar a conocer cuál es el grado de resiliencia de nuestro sistema, podemos probar Simian Army, que es un conjunto de herramientas desarrolladas por el equipo de ingeniería de la compañía NetFlix. Esta herramienta permite reproducir problemas de manera aleatoria sobre una infraestructura, algo así a lo que ocurriría si un ejército de monos entrara en tu CPD y comenzase a quitar cables y apagar máquinas.

https://github.com/Netflix/SimianArmy/wiki

Conclusiones

Capítulo 7

La cultura DevOps la creas tú

Si has leído el resto del libro y has dejado las conclusiones para el final, la idea de que la cultura DevOps la creas tú, puede parecerte algo decepcionante, pero esta es realmente la esencia que está detrás del movimiento DevOps y la razón de que a la mayoría de la gente que estamos hablando y discutiendo sobre DevOps, nos guste emplear la palabra *cultura*, para que se perciba como algo abierto y de libre interpretación.

Entiendo que estuvieras esperando concluir el libro con un conjunto de reglas o consejos que te ayudasen a ti o a tu departamento, durante el proceso de adopción de los principios DevOps, la realidad es que es tremendamente difícil importar un modelo cultural. Lo que funciona en una empresa o departamento, puede no funcionar en otro, por la sencilla razón que tanto las personas como los procesos, son distintos.

Mi consejo es que no intentes imitar a nadie, solo porque a ellos les funcione, es mejor opción, entender qué funciona mal y qué podemos mejorar, iniciando un proceso de transformación de nuestra propia cultura corporativa.

¿Por qué defiendo que la mejor forma de adoptar la cultura DevOps es crear nuestra propia cultura DevOps? Por cuatro

Capítulo 7 - Conclusiones

sencillas razones:

- DevOps no es una metodología, no existen reglas o métodos que puedas poner en práctica. Solo existen consejos o ideas, como este libro, que te ayuden a entender que la cultura DevOps es algo abierto y de muy libre interpretación.

- Tú eres el que mejor conoce a la gente de tu empresa. No importa lo que te puedan decir, pero los que mejor conocen a la gente de tu empresa o departamento sois vosotros mismos. Nadie que venga de fuera conocerá mejor que vosotros la forma en la que el departamento se comunica o se relaciona. Solo vosotros conocéis los matices de estas relaciones y podéis identificar aquellos aspectos que quedarían ocultos para cualquier persona de fuera.

- Tú eres el que mejor conoce por qué tu organización tiene los procesos que tiene. Muchas veces las compañías intentan mejorar sus procesos contratando a empresas especializadas en optimización de procesos. En muchos casos el fracaso de este tipo de iniciativas reside principalmente en que la consultora externa, realiza una serie de consejos o propuestas sin entender realmente por qué este o aquel proceso funcionan de la forma que lo hacen. Para mejorar un proceso, no solo es necesario proponer una alternativa, también entender las razones para que el proceso se realice de la manera que lo hace.

- Tú eres el que mejor conoce la comunicación dentro de tu empresa. Esta es si cabe la razón más importante para entender que somos nosotros mismos los que debemos construir nuestra propia cultura. Nadie mejor que nosotros conocemos cómo la organización se comunica, desde los procesos, notificaciones, reuniones de pasillo, empatía entre la gente, herramientas, etc.

Espero que no te sientas decepcionado, porque realmente tienes mucho trabajo por delante para conseguir transformar, la actual cultura de tu organización o departamento y que cumpla con los principios del movimiento DevOps. Si esperabas reglas o métodos, lo siento, DevOps no va de eso y este es a su vez lo que hace de DevOps un movimiento tan popular, porque con unos consejos sencillos intenta conseguir un cambio profundo en la forma de entender el sistema. Suerte, porque es un camino enriquecedor, lo veas desde la perspectiva que lo veas.

Las cosas buenas de DevOps

A lo largo del libro he ido comentando algunas de las bondades que puede tener el adoptar la cultura DevOps dentro de nuestra organización. Pero de entre todas esas ideas quiero terminar con tres que realmente, creo que, representan lo bueno que hay detrás de DevOps. Son tres ideas que impactan directamente en los tres componentes básicos de cualquier departamento o área de IT, el producto, la plataforma y las personas.

Reduce de manera drástica el
Time-to-Market de los productos

Sin duda este es uno de los objetivos que podemos llegar a alcanzar cuando pensamos en DevOps. Al fin y al cabo, DevOps no soluciona un problema de tecnología, ya lo he comentado varias veces, soluciona un problema de negocio y el Time-to-Market es sin duda, uno de los factores claves que permite a un producto ser competitivo. Y lo que es más importante, no solo ayuda a reducir el tiempo que necesita la organización para poner un producto en el mercado, DevOps nos puede ayudar a reducir el proceso de modificación de dicho producto para mantenerlo alineado con la demanda del mercado.

Capítulo 7 - Conclusiones

*Incrementa el conocimiento y la confianza
entre los distintos equipos*

Sin duda el valor diferencial dentro de las compañías son las personas, si los equipos no funcionan, la compañía no funciona, DevOps promueve la comunicación y la empatía entre las personas de los distintos equipos, con el objetivo claro de incrementar la confianza, y que de esta confianza nazca un proceso de compartir el conocimiento que se encuentra almacenado en los famosos silos.

El sistema es más flexible

Hoy en día, la principal característica que demandan las compañías a sus equipos de IT es la flexibilidad en sus sistemas de información. Las compañías se enfrentan a un mercado en constante movimiento, cuya demanda no sigue un patrón tradicional, sino que cambia continuamente obligando a las compañías a modificar sus productos para intentar cubrir la demanda en el menor tiempo posible. Es necesario que los sistemas de información cumplan con este requisito de flexibilidad y que acompañen al negocio, convirtiéndose en una herramienta que aporta un valor real y no un elemento que establezca límites y obstáculos para el desarrollo del negocio.

Adoptar la cultura DevOps tiene muchas más cosas buenas, algunas de las cuales solo aplicarán a tu organización y otras, como las que he citado antes, tiene un carácter más universal, pero realmente lo bueno de DevOps es que nos planteamos otra forma distinta de hacer las cosas, cuestionando cómo las hacemos ahora y aunque sea sólo por esta razón, merece la pena que iniciemos el camino que nos propone DevOps.

Las cosas malas de DevOps

Por desgracia todo lo que tiene algo bueno, también tiene algo malo y la cultura DevOps no iba a ser una excepción. Al igual que en el apartado anterior, en el que comentaba que las bondades de DevOps están estrechamente relacionadas con la experiencia que tengamos a la hora de crear nuestra propia cultura corporativa, con las cosas negativas que podemos achacar a DevOps ocurre exactamente igual.

Por la propia concepción de DevOps como un movimiento, no existe cosas que podamos etiquetar como malas detrás del movimiento DevOps, más bien debemos hablar de la forma que tenemos de entender DevOps y el impacto que tiene sobre nuestra organización la manera en la que estamos construyendo nuestra propia cultura DevOps. La cantidad de problemas que podemos generar es tan larga como la capacidad del ser humano para meter la pata, pero estos problemas no los podemos atribuir a DevOps sino más bien a la forma en la que nosotros entendemos DevOps.

Por no extenderme demasiado, voy a exponer tres ideas que los detractores suelen esgrimir contra DevOps, no pretendo rebatirlos, todo lo contrario, exponerlos para que cada cual pueda valorar la veracidad o no de estos tres argumentos.

Capítulo 7 - Conclusiones

No es una metodología

Aunque lo realmente potente del concepto DevOps es que no se trata de un conjunto de reglas, sino de un movimiento que podemos interpretar de manera libre para cumplir con las características propias de cada organización, realmente para nosotros los ingenieros es un problema, porque estamos acostumbrados a trabajar con metodologías que nos ayudan a estandarizar mucho del trabajo y los productos que desarrollamos. Nos gustan las reglas y los métodos, y estamos cómodos con las metodologías. Por esta razón muchas veces se percibe algo malo de DevOps el que no sea una metodología.

No se puede imponer, se debe adoptar

El éxito de DevOps reside en que es un movimiento que nace desde el interior de los equipos de IT, como una necesidad para incrementar la calidad del servicio o productos que se ofrecen. Somos las personas que conforman los equipos de IT los que debemos comprender las bondades del movimiento DevOps e intentar adoptar los principios DevOps. El problema es que es imposible imponer un movimiento como DevOps cuando la mayoría del departamento muestra una actitud hostil hacia él. Por tanto, no en todas las organizaciones puede arraigar la cultura DevOps de la misma manera.

Lo que me funciona a mí, no tiene porqué funcionarte a ti

Pienso que un problema es que no podemos importar el modelo que ha funcionado en una organización, para que funcione en otra. Tal como he comentado en el apartado anterior, no debemos intentar importar algo de fuera, solo por el hecho de que a ellos les ha funcionado. Esto realmente es un problema, porque no DevOps no se puede propagar por un proceso de imitación, me gusta lo que ellos están haciendo en aquella empresa y sencillamente lo copio. El problema es que para que a ti te funcionase, te tendrías que traer no solo la cultura que ellos han creado para adoptar DevOps, también necesitarías traerte a la gente y en algunos casos hasta el propio negocio. Cada organización o departamento debe desarrollar su propia cultura DevOps.

Falacias y Errores

Partiendo que entendemos que DevOps no es metodología que podamos aplicar, sino más bien un movimiento o cultura que podemos adoptar en los departamentos de IT, la siguiente lista son varios ejemplos de ideas sobre DevOps que yo considero equivocadas, lo que no quiere decir que estén grabadas en piedra, sencillamente entiendo que no entran dentro de los principios básicos que definen la cultura DevOps.

"DevOps es para startups."

Los detractores de DevOps argumentan que se trata de un movimiento que nace en el seno del universo de las startups. Es verdad que DevOps tiene mucha acogida dentro de las startups, pero no por una razón cultural, sino práctica. Las startups suelen tener equipos pequeños en los que existen varios perfiles. El número reducido de personas les permite tener una excelente comunicación. Los canales de feedback con los clientes son excepcionalmente buenos, porque el tamaño de su negocio les permite mantener un contacto directo con ellos y por último, son lo suficientemente ágiles para estar continuamente explorando nuevas posibilidades para el negocio. La realidad no es que DevOps sea para startups, sino que las startups no tienen alternativa para trabajar de otra forma.

Capítulo 7 - Conclusiones

"Devops resuelve tus problemas de tecnología."

Otro error que podemos encontrar de manera recurrente sobre DevOps, es que nos ayuda a resolver nuestros problemas de tecnología, gracias a las herramientas DevOps, nuestro departamento de IT será más eficiente. Este error plantea varios problemas, el primero es que por definición DevOps no se puede implantar en un departamento, porque no es una metodología. Debemos sembrar la semilla de DevOps, para que pueda germinar dentro del departamento, lo que requiere un cambio gradual de la mentalidad de todas las personas de los distintos equipos. El segundo problema es que DevOps tiene como objetivo ayudar al negocio, porque es aquí donde está el problema que debemos resolver. Por tanto, si tenemos un problema de tecnología, DevOps no es la solución, puede ser el camino que nos ayude a solucionarlo, pero no es el objetivo de DevOps.

"DevOps reemplaza a Agile."

Otro problema de DevOps es que suele identificarse como una metodología agile que ha venido para reemplazar a las metodologías agile. Este error nace de la asociación que se suele hacer entre DevOps y el proceso de integración continua. DevOps no es una metodología, es una forma de entender la relación de los equipos con el Sistema. Por esta razón DevOps es compatible con cualquier metodología que tengamos implantada, ya sea de desarrollo de software, como de gestión de los proyectos y recursos.

"Formar un equipo DevOps."

No existe el perfil DevOps, por tanto, es imposible contratar DevOps para formar un equipo DevOps. Si quiere formar un equipo DevOps, primero debe crear su propia cultura DevOps en su organización. Sin esta semilla, que permita que germinen los principios DevOps en su departamento, es imposible que su equipo trabaje siguiendo los principios DevOps.

"DevOps acelera tu negocio."

Las organizaciones necesitan ser cada vez más competitivas y en muchas ocasiones se confunde competitividad con reducir el time-to-market y no todo vale. Debemos tener cuidado a la hora de diseñar nuestra estrategia para desplegar el producto y sus actualizaciones, porque es fácil caer en el efecto *camarero loco*. El efecto *camarero loco* se da cuando en la organización se premia la rapidez con la que se entregan los productos, frente a la calidad de estos. Supongamos que vamos a un restaurante y nos atiende el *camarero loco*. Nos solicita los platos que vamos a pedir, pero antes de que terminemos de decirle la lista de platos, el *camarero loco* corre a la cocina a comunicar parte de la comanda, la cocina comienza a cocinar los platos y los entrega rápidamente al camarero, que a su vez los trae a la mesa, nos pregunta si estamos satisfechos a lo que le respondemos que faltan platos y que lo que ha traído no es exactamente lo que hemos pedido. El *camarero loco* corre a la cocina para comunicar nuestro feedback y la cocina realiza modificaciones, las cuales son entregadas rápidamente al

Capítulo 7 - Conclusiones

camarero loco que corriendo las trae a la mesa. Este ciclo de iteraciones se repite hasta que estemos satisfechos o que nos marchemos. Sin lugar a duda, este ejemplo es una reducción al absurdo sobre la entrega continua, pero es un ejemplo que nos ayuda a entender que lo importante no es el proceso de entrega en sí, sino la satisfacción del cliente. DevOps no tiene como objetivo acelerar el negocio, sino optimizar el sistema para que el negocio pueda beneficiarse de esta optimización.

Capítulo 7 - Conclusiones

Dorothy, golpea tres veces tus zapatos

Durante el tiempo que he estado escribiendo el libro, he compartido partes con unos y otros amigos, algunos de ellos me comentaron que no veían demasiadas referencias al mago de Oz. La realidad es que nunca he pretendido escribir un libro paralelo al mago de Oz, al estilo de 10 cosas que el Mago de Oz nos enseña sobre DevOps. No creo que L. Frank Baum estuviera pensando en el movimiento DevOps cuando decidió escribir su libro y tampoco creo que nos pueda enseñar mucho sobre DevOps.

Sencillamente me he limitado a tomar prestada la referencia en el título. Porque al igual que en el Mago de Oz, lo realmente importante de DevOps, es que tenemos que verlo como un proceso que debemos recorrer, no solo para conseguir nuestro objetivo, sino para incrementar nuestro propio conocimiento sobre el sistema.

Me he tomado la libertad de titular a esta sección con la parte más importante del mago de Oz, el momento en el que la bruja del sur le comunica a Dorothy, que si quiere volver a Kansas, solo tiene que golpear tres veces los zapatos plateados de la bruja del Este. Los mismos zapatos que consiguió Dorothy nada más aterrizar con su casa sobre la propia bruja del Este. Dorothy contaba desde el principio de la historia con la única cosa que podía ayudarle a cumplir con su objetivo, que era volver a Kansas. El problema es que la niña desconocía la propiedad mágica que unos bonitos zapatos plateados podían tener. Es decir, no vale absolutamente de nada tener la herramienta más potente del mercado, cuando no tenemos el conocimiento suficiente para utilizarla.

DevOps son nuestros zapatos plateados, todos tenemos unos zapatos plateados, el problema es que no sabemos cómo utilizarlos. Y al igual que le ocurrió a Dorothy, la solución a muchos de los problemas de IT, los tenemos la propia gente de IT. Solo necesitamos aplicar sentido común y tener una visión más amplia, para entender cómo podemos ayudar al negocio, mejorando nuestros propios procesos.

Si has leído el libro, habrás comprobado que el 90% del contenido es sencillamente sentido común, que como suele decirse es el menos común de los sentidos y realmente este es el reto al que debemos enfrentarnos en IT, aplicar más sentido común a nuestro día a día, para conseguir acoplarnos en mayor grado con el negocio de nuestra compañía.

Por último, DevOps no es la ciudad Esmeralda, no es el objetivo que debemos alcanzar. Si entiendes DevOps como algo que debes alcanzar, estarás desplazando tu foco de lo realmente importante que es el sistema. DevOps no es el gran Oz, que podrá ayudarnos a resolver todos nuestros problemas, los problemas los debemos resolver nosotros, gracias al conocimiento que tengamos

Capítulo 7 - Conclusiones

del propio sistema.

Solo espero haber conseguido despertar algo de curiosidad y mucho sentido común, para que puedas ver la cultura DevOps como una oportunidad para cambiar aquellas cosas que no funcionan, pero sin perder de vista el objetivo de cualquier departamento IT, que es ayudar a la compañía para conseguir incrementar la competitividad del negocio. Y un último consejo, golpea tres veces tu sentido común y empieza a construir tu propia cultura DevOps.

Dorothy se levantó y vio que solo llevaba sus calcetines. Los zapatos de plata se le habían caído durante el vuelo y se habían perdido para siempre en el desierto.

www.ingramcontent.com/pod-product-compliance
Lightning Source LLC
Chambersburg PA
CBHW020732180526
45163CB00001B/200